21 世纪高等院校电气工程与自动化规划教材

21 century institutions of higher learning materials of Electrical Engineering and Automation Planning

Microcontroller Principle and Technology

单片机原理及应用教程

吴静进 许仙明 主编

彭岚峰 何尚平 副主编

罗小青 主审

人民邮电出版社

北 京

图书在版编目（ＣＩＰ）数据

单片机原理及应用教程 / 吴静进，许仙明主编. --
北京 ：人民邮电出版社，2014.9（2018.8 重印）
21世纪高等院校电气工程与自动化规划教材
ISBN 978-7-115-35866-0

Ⅰ. ①单… Ⅱ. ①吴… ②许… Ⅲ. ①单片微型计算
机－高等学校－教材 Ⅳ. ①TP368.1

中国版本图书馆CIP数据核字(2014)第176542号

内 容 提 要

　　本次编写的单片机教材分为主教材和实践教材：主教材《单片机原理及应用教程》全面介绍了 8051
单片机的基本原理、内部硬件结构、指令系统、中断系统、定时/计数器、串行口等，并从应用的角度介
绍了汇编语言程序设计，最后还详细介绍了键盘、显示器、A/D、D/A 等单片机外围电路及接口扩展的
设计方法；实践教材《单片机实验及实践教程》从单片机实验教学和工程训练角度出发，主要讲解实验
实践相关教学内容，包括单片机编程开发工具——Keil C51 集成开发环境、单片机 Proteus ISIS 仿真、单
片机基础实验、单片机应用系统综合实例等。

　　本书可作为自动化、电子信息工程、通信工程、测控技术与仪器、机电一体化、车辆工程、应用电子
技术等相关专业的教学用书，也可作为社会其他技术人员的业务参考书及培训用书。

◆ 主　编　吴静进　许仙明

　　副 主 编　彭岚峰　何尚平

　　主　审　罗小青

　　责任编辑　刘　博

　　责任印制　彭志环　焦志炜

◆ 人民邮电出版社出版发行　　北京市丰台区成寿寺路 11 号
　　邮编　100164　电子邮件　315@ptpress.com.cn
　　网址　http://www.ptpress.com.cn
　　北京中石油彩色印刷有限责任公司印刷

◆ 开本：787×1092　1/16
　　印张：11.25　　　　　　　　　2014 年 9 月第 1 版
　　字数：271 千字　　　　　　　 2018 年 8 月北京第 2 次印刷

定价：29.80 元

读者服务热线：(010)81055256　印装质量热线：(010)81055316
反盗版热线：(010)81055315
广告经营许可证：京东工商广登字 20170147 号

单片机自 20 世纪 70 年代问世以来，已经对人类社会产生了巨大的影响。

典型的嵌入式系统单片机在我国已经得到了大规模的应用。全国高等工科院校已经普遍开设了单片机及其相关课程。在很多应用型工科院校中还涉及许多实践环节，如课程设计、毕业设计等，尤其是在全国各种电子大赛中，采用嵌入式系统来解决各类电子自动化技术问题已成趋势。

单片机原理及应用是一门实践性强，与生产、生活密切相关的课程。近几年来，单片机技术发展非常迅速，出现了很多各具特点的单片机产品，但是从使用数量、技术资料及开发工具等各方面综合考虑，MCS-51 系列单片机仍具有很大优势，因此本书介绍 MCS-51 系列单片机的原理及应用开发技术。教材内容以实用为主，注重理论与实际的有机结合，阐述问题重点突出，循序渐进，遵循高等教育教学规律，使学生通过理论学习与实验实训，能尽快掌握单片机原理，为以后应用开发打好基础。为了适应高等院校对应用型专业教材的迫切需求，使学生学到有实用价值的专业知识，为社会培养具有一定理论知识，实践动手能力强的应用型科技人才，作者根据多年的教学实践和产品开发经验，编写了这套适用于应用型本科院校的《单片机原理及应用教程》和《单片机实验及实践教程》教材。

本书由南昌大学科学技术学院吴静进、许仙明主编，参加本书编写的还有彭岚峰、何尚平。其中，吴静进编写了第 4 章、第 5 章、第 6 章，许仙明编写了第 1 章、第 2 章，彭岚峰编写了第 3 章和第 7 章，何尚平编写了第 8 章。全书由吴静进负责统稿工作。沈放、万彬、朱淑云、陈艳等老师提出了许多宝贵的意见，特此致谢！

全书参考理论教学 40～60 学时，实验 20 学时。教学时可以根据实际情况，对各章讲授的内容进行适当的取舍。

承蒙罗小青对全书进行了审阅，并提出了许多宝贵的意见，特此致谢！

限于编者水平，书中错漏和不妥之处在所难免，恳请专家、同行老师和读者批评指正。

编　者
2014 年 6 月

目　录

第 1 章　微型计算机基础知识

单片机是把微型计算机的各个功能部件：中央处理器（CPU）、随机存储器（RAM）、只读存储器（ROM）、I/O 接口、定时/计数器以及串行接口等集成在一块芯片上，构成一个完整的微型计算机，因而又称为单片微型计算机（single chip microcomputer）。由于单片机面向控制性应用领域，装入各种智能化产品之中，所以又称为嵌入式微控制器（embedded microcontroller）。

1.1　单片机发展概况

单片机从 20 世纪 70 年代诞生以来，发展十分迅速，产品种类也非常多，下面对单片机进行简单介绍。

1.1.1　单片机发展的各个阶段

1. 单片机发展的初级阶段

1976 年，Intel 公司推出了 MCS-48 系列单片机，该系列单片机早期产品在芯片内集成有 8 位 CPU、1KB 程序存储器、64B 数据存储器、27 条 I/O 口线和 1 个 8 位定时/计数器。这是一种真正的单片机。这个阶段的单片机因受工艺和集成度的限制，品种少，CPU 功能低，存储器容量小，I/O 部件种类和数量少，无串行接口，指令系统功能不强。

2. 性能发展完善阶段

1980 年，Intel 公司推出了 MCS-51 系列单片机。该系列单片机在芯片内集成有 8 位 CPU、4KB 程序存储器、128B 数据存储器、4 个 8 位并行接口、1 个全双工串行接口、2 个 16 位定时/计数器，寻址范围为 64KB，并集成有控制功能较强的布尔处理器。这个阶段的单片机结构体系比较完善，性能也大大提高，已开始应用到了各个领域。

3. 微控制器阶段

1982 年，Intel 公司推出 MCS-96 系列单片机，该系列单片机在芯片内集成有 16 位 CPU、8KB 程序存储器、256B 数据存储器、5 个 8 位并行接口、1 个全双工接口、2 个 16 位定时/

计数器。寻址范围最大为 64KB，片上还有 8 路 10 位 ADC、1 路 PWM（D/A）输出及高速 I/O 部件等。这个阶段的单片机性能不断完善，性价比显著提高，主要面向测控系统的外围电路增强，使单片机可以方便灵活地用于复杂的自动测控系统及设备。因此，单片机越来越倾向于微控制器了。

1.1.2　单片机的多样化产品

迄今为止，世界上主要的芯片厂家已投放市场的单片机产品多达 70 多个系列，500 多个品种。单片机的产品近况可以归纳为以下两个方面。

1．8051 系列单片机产品繁多，主流地位已经形成

通用微型计算机计算速度的提高主要体现在 CPU 位数的提高（16 位、32 位、64 位），而单片机更注重的是产品的可靠性、经济性和嵌入性。因此，单片机 CPU 位数提高的需求并不十分迫切。而多年来的应用实践已经证明，8051 的系统结构合理、技术成熟。因此，许多单片机生产商倾力于提高 8051 单片机产生的综合功能，从而形成了 8051 的主流产品地位。近年来推出与 8051 兼容的主要产品有以下几种。

（1）ATMEL 公司融入 Flash 存储器技术推出的 AT89 系列单片机。

（2）Philips 公司推出的 80C51、80C52 系列高性能单片机。

（3）华邦公司推出的 W78C51、W77C51 系列高速低价单片机。

（4）ADI 公司推出的 AduC8xx 系列高精度 ADC 单片机。

（5）LG 公司推出的 GMS90/97 系列低压高速单片机。

（6）MAXIM 公司推出的 DS89C420 高速（50MIPS）单片机。

（7）Gygnal 公司推出的 C8051F 系列高速 SOC 单片机等。

2．非 8051 结构单片机不断推出，给用户提供了更为广泛的选择空间

在 8051 及其兼容产品流行的同时，一些单片机芯片生产厂商也推出了一些非 8051 结构的产品，影响较大的有以下几种。

（1）Intel 公司推出的 MCS-96 系列 16 位单片机。

（2）Microchip 公司推出的 PIC 系列 RISC 单片机。

（3）TI 公司推出的 MSP430F 系列 16 位低电压、低功耗单片机。

（4）ATMEL 公司推出的 AVR 系列 RISC 单片机。

1.1.3　单片机的发展趋势

1．微型单片化

芯片集成度的提高为单片机的微型化提供了可能。早期单片机大量使用双列直插式封装，随着贴片工艺的出现，单片机也大量采用了各种符合贴片工艺的封装方式，大大减小了芯片的体积，为嵌入式系统提供了可能。

2．低功耗 CMOS 化

为了降低单片机的低功耗，现在各单片机生产厂家基本都采用了 CMOS 工艺。CMOS 芯片除了低功耗特性之外，还具有功耗的可控性，使单片机可以工作在功耗精细管理状态。但由于其物理特征决定了其工作速度不够高，CHMOS 则具备了高速和低功耗的特点，这些特征更适合于在低功耗系统中应用。目前生产的 CHMOS 电路已达到 LSTTL 的速度，传输延迟时间小于 2ns，其综合优势已超过 TTL 电路。 目前单片机的工作电流已降至 mA 级，甚至μA 级，供电电压的下限已达 1～2V，0.8V 供电的单片机已经问世。低功耗化的效应不仅是功耗低，而且带来了产品的高可靠性、高抗干扰能力及产品的便携化。

3．高速化

早期 MCS-51 单片机的典型时钟频率为 12MHz，目前西门子公司的 C500 系列单片机的（与 MCS-51 兼容）时钟频率为 36MHz；EMC 公司的 EM78 系列单片机的时钟频率高达 40MHz；现在已有更快的 32 位、100MHz 的单片机产品出现。

4．内部资源增加

内部资源的增加除增大片内存储器的容量外，也增加了其他的配置，如 A/D 转换器、脉宽调制输出 PWM、正弦波发生器、CRT 控制器、LED 和 LCD 驱动器、串行通信接口、看门狗电路。

5．通信及网络功能加强

在某些单片机内部，由于封装了局部网络控制模块，甚至将网络协议固化在其内部，因此可以容易地构成网络系统。特别是在控制系统较为复杂时，构成一个控制网络十为有用。目前将单片机嵌入式系统和 Internet 连接起来已是一种趋势。

综上所述，单片机正朝着高性能和多品种的方向发展，但是由于 MCS-51 系列的 8 位单片机仍能满足绝大多数应用领域的需要，所以以 MCS-51 系列为主的 8 位单片机，在现在及以后的相当一段时期内仍然占据单片机应用市场的主导地位。

1.1.4　单片机的特点及应用领域

1．单片机的特点

从单片机应用角度来看，其主要特点如下。
（1）控制性能好，可靠性高。
（2）体积小，价格低，易于产品化。
从单片机的具体结构和处理过程上看，主要特点如下。
（1）在存储器结构上，多数单片机的存储器采用哈佛（Harvard）结构。
（2）在芯片引脚上，大部分采用分时复用技术。
（3）在内部资源访问上，采用特殊功能寄存器（SFR）的形式。
（4）在指令系统上，采用面向控制的指令系统。

（5）内部一般都集成一个全双工的串行接口。

（6）单片机有很强的外部扩展能力。

2．单片机的应用领域

单片机具有体积小，功耗低，易于产品化，面向控制，抗干扰能力强，适用温度范围宽，可以方便地实现多机和分布式控制等优点，因而被广泛地应用于以下各种控制系统的分布式系统中。

（1）工业自动化控制。

（2）智能仪器仪表。

（3）计算机外围设备和智能接口。

（4）家用电器。

（5）多机应用。

1.2　计算机中数的表示方法

数制是人们对事物数量计数的一种统计规律。在日常生活中最常用的是十进制，但在计算机中，由于其电器元件最易实现的是两种稳定状态：器件的"开"与"关"、电平的"高"与"低"。因此，采用二进制数的 0 和 1 可以很方便地表示机器内的数据运算与存储。在编程时，为了方便阅读和书写，人们还经常用八进制数和十六进制来表示二进制数。虽然一个数可以用不同计数制形式表示其大小，但该数的量值是相等的。

1.2.1　计算机中的数制

1．进位计数制

当进位计数制采用位置表示法时，同一数字在不同数位所代表的数值是不同的。每一种进位计数应包含两个基本的因素。

（1）基数 R（radix）：它代表计数制中所用到的数码个数。例如，二进制计数中用到 0和 1 两个数码；八进制计数中用到 0～7 共 8 个数码。一般来说，在基数为 R 的计数制（简称 R 进制）中，包含 0，1，…，$R-1$ 个数码，进位规律为"逢 R 进 1"。

（2）位权 W（weight）：进位计数制中，某个数位的值是由这一位的数码值乘以处在这一位的固定常数决定的，通常把这一固定常数称为位权值，简称位权。各位的位权是以 R 为底的幂。例如，十进制数基数 $R=10$，则个位、十位、百位上的位权分别为 10^0、10^1、10^2。

一个 R 进制数 N，可以用以下两种形式表示。

（1）并列表示法，或称位置计数法。

$$(N)_R = (K_{n-1}K_{n-2}\cdots K_1K_0K_{-1}K_{-2}\cdots K_{-m})_R$$

（2）多项式表示法，或称以权展开式。

$$(N)_R = K_{n-1}R^{n-1} + K_{n-2}R^{n-2} + \cdots + K_1R^1 + K_0R^0 + K_{-1}R^{-1} + \cdots + K_{-m}R^{-m} = \sum_{i=n-1}^{-m} K_iR^i$$

其中，m、n 为正整数，n 代表整数部分的位数；m 代表小数部分的位数；K_i 代表 R 进制中的任一个数码，$0 \leqslant K_1 \leqslant R^{-1}$。

2．二进制数

二进制数中，$R=2$，K_i取 0 或 1，进位规律为"逢 2 进 1"。任一个二进制数 N 都可表示为：

$$(N)_2 = K_{n-1}2^{n-1} + K_{n-2}2^{n-2} + \cdots + K_1 2^1 + K_0 2^0 + K_{-1}2^{-1} + \cdots + K_{-m}2^{-m}$$

例如，$(1001.101)_2 = 1 \times 2^3 + 0 \times 2^2 + 0 \times 2^1 + 1 \times 2^0 + 1 \times 2^{-1} + 0 \times 2^{-2} + 1 \times 2^{-3}$

3．八进制数

在八进制数中，$R=8$，K_i 可取 0～7 共 8 个数码中的任意一个，进位规律为"逢 8 进 1"。任意一个八进制数 N 可以表示为：

$$(N)_8 = K_{n-1}8^{n-1} + K_{n-2}8^{n-2} + \cdots + K_1 8^1 + K_0 8^0 + K_{-1}8^{-1} + \cdots K_{-m}8^{-m}$$

例如，$(246.12)_8 = 2 \times 8^2 + 4 \times 8^1 + 6 \times 8^0 + 1 \times 8^{-1} + 2 \times 8^{-2}$

4．十六进制数

在十六进制数中，$R=16$，K_i 可取 0～15 共 16 个数码中的任一个，但 10～15 分别用 A、B、C、D、E、F 表示，进位规律为"逢 16 进 1"。任意一个十六进制数 N 都可表示为：

$$(N)_{16} = K_{n-1}16^{n-1} + K_{n-2}16^{n-2} + \cdots + K_1 16^1 + K_0 16^0 + K_{-1}16^{-1} + \cdots + K_{-m}16^{-m}$$

例如，$(2D07.A)_{16} = 2 \times 16^3 + 13 \times 16^2 + 0 \times 16^1 + 7 \times 16^0 + 10 \times 16^{-1}$

以上 3 种进制数与十进制数的对应关系如表 1-1 所示。为避免混淆，除用 $(N)_R$ 的方法区分不同进制数外，还常用数字后加字母作为标注的方法。其中字母 B（binary）表示二进制数；字母 Q（octal 的缩写为字母 O，为区别数字 0 故写成 Q）表示八进制数；字母 D（decimal）或不加字母表示十进制数；字母 H（hexadecimal）表示十六进制数。

表 1-1　　　　　　　　十进制、二进制、八进制、十六进制数对应表

十进制	二进制	八进制	十六进制
0	0000B	0Q	0H
1	0001B	1Q	1H
2	0010B	2Q	2H
3	0011B	3Q	3H
4	0100B	4Q	4H
5	0101B	5Q	5H
6	0110B	6Q	6H
7	0111B	7Q	7H
8	1000B	10Q	8H
9	1001B	11Q	9H
10	1010B	12Q	0AH
11	1011B	13Q	0BH
12	1100B	14Q	0CH
13	1101B	15Q	0DH
14	1110B	16Q	0EH
15	1111B	17Q	0FH
16	10000B	20Q	10H

1.2.2 数制的转换

1. 各种进制数间的相互转换

（1）各种进制数转换成十进制数。

各种进制数转换成十进制数的方法是：将各进制数先按位权展开成多项式，再利用十进制运算法则求和，即可得到该数对应的十进制数。

例 1-1 将数 1001.101B、246.12Q、2D07.AH 转换为十进制数。

$1001.101B=1\times2^3+0\times2^2+0\times2^1+1\times2^0+1\times2^{-1}+0\times2^{-2}+1\times2^{-3}$

$=8+1+0.5+0.125=9.625$

$246.12Q=2\times8^2+4\times8^1+6\times8^0+1\times8^{-1}+2\times8^{-2}$

$=128+32+6+0.125+0.03125=166.15625$

$2D07.AH=2\times16^3+13\times16^2+0\times16^1+7\times16^0+10\times16^{-1}$

$=8192+3328+7+0.625=11527.625$

（2）十进制数转换为二进制、八进制、十六进制数。

任一十进制数 N 转换成 q 进制数，先将整数部分与小数部分分为两部分，并分别进行转换，然后用小数点将这两部分连接起来。

① 整数部分转换。

整数部分转换步骤如下。

第 1 步：用 q 去除 N 的整数部分，得到商和余数，记余数为 q 进制整数的最低位数码 K_0。

第 2 步：用 q 去除得到的商，求出新的商和余数，余数又作为 q 进制整数的次低位数码 K_1。

第 3 步：用 q 去除得到的新商，再求出相应的商和余数，余数作为 q 进制整数的下一位数码 K_i。

第 4 步：重复第 3 步，直至商为 0，整数转换结束。此时，余数作为转换后 q 进制整数的最高位数码 K_{n-1}。

2|168	余数 0,	$K_0=0$
2|84	余数 0,	$K_1=0$
2|42	余数 0,	$K_2=0$
2|21	余数 1,	$K_3=1$
2|10	余数 0,	$K_4=0$
2|5	余数 1,	$K_5=1$
2|2	余数 0,	$K_6=0$
2|1	余数 1,	$K_7=1$

所以　168=10101000B。

② 小数部分转换。

小数部分转换步骤如下。

第1步：用 q 去乘 N 的纯小数部分，记下乘积的整数部分，作为 q 进制小数的第1个数码 K_{-1}。

第2步：用 q 去乘上次积的纯小数部分，得到新乘积的整数部分，记为 q 进制小数的次位数码 K_{-I}。

第3步：重复第2步，直至乘积的小数部分为0，或者达到所需要的精度位数为止。此时，乘积的整数位作为 q 进制小数位的数码 K_{-m}。

例1-2　将0.686转换成二进制、八进制、十六进制数（用小数点后5位表示）。

$0.686×2=1.372$	$K_{-1}=1$	$0.686×8=5.488$	$K_{-1}=5$	$0.686×16=10.976$	$K_{-1}=A$
$0.372×2=0.744$	$K_{-2}=0$	$0.488×8=3.904$	$K_{-2}=3$	$0.976×16=15.616$	$K_{-2}=F$
$0.744×2=1.488$	$K_{-3}=1$	$0.904×8=7.232$	$K_{-3}=7$	$0.616×16=9.856$	$K_{-3}=9$
$0.488×2=0.976$	$K_{-4}=0$	$0.232×8=1.856$	$K_{-4}=1$	$0.856×16=13.696$	$K_{-4}=D$
$0.976×2=1.952$	$K_{-5}=1$	$0.856×8=6.848$	$K_{-5}=6$	$0.696×16=11.136$	$K_{-5}=B$

$0.686≈0.10101B$　　　　$0.686≈0.53716Q$　　　　$0.686≈0.AF9DBH$

从以上例子可以看出，二进制表示的数愈精确，所需的数位就愈多，这样，不利于书写和记忆，而且容易出错。另外，若用同样数位表示数，则八进制、十六进制数所表示数的精度较高。所以在汇编语言编程中常用八进制或十六进制数作为二进制数的编码来书写和记忆二进制数，便于人机信息交换。在 MCS-51 系列单片机编程中，通常采用十六进制数。

（3）二进制数与八进制数之间的相互转换。

由于 $2^3=8$，故可采用"合3为1"的原则，即从小数点开始分别向左、右两边各以3位为1组进行二一八换算；不足3位的以0补足，便可将二进制数转换为八进制数。

例1-3　将1111011.0101B转换为八进制数。

解： 根据"合3为1"和不足3位以0补足的原则，将此二进制数书写为：

```
001   111   011  .  010   100
 1     7     3   .   2     4
```

因此，其结果为1111011.0101B=173.24Q

例1-4　将1357.246Q转换成二进制数。

解： 根据"1分为3"的原则，可将该十进制数书写为：

```
 1    3    5    7   .   2     4     6
001  011  101  111  .  010   100   110
```

其结果为1357.246Q=1011101111.01010011B。

（4）二进制数与十六进制数之间的相互转换。

由于 $2^4=16$，故可采用"合4为1"的原则，从小数点开始分别向左、右两边各以4位为1组进行二一十六换算；不足4位以0补足，便可将二进制数转换为十六进制数。

例1-5　将1101000101011.001111B转换成十六进制数。

解： 根据"合4为1"的原则，可将该二进制数书写为：

```
0001   1010   0010   1011  .  0011   1100
  1     A      2      B    .   3      C
```

其结果为1101000101011.001111B=1A2B.3CH。

反之，采用"1分为4"的原则，每位十六进制数用4位二进制数表示，便可将十六进制数转换为二进制数。

例1-6 将4D5E.6FH转换成二进制数。

解：根据"1分为4"的原则，可将该十六进制数书写为：

4	D	5	E	.	6	F
0100	1101	0101	1110	.	0110	1111

其结果为4D5E.6FH=100110101011110.01101111B。

1.2.3 二进制数的运算

1. 二进制数的算术运算

二进制数不仅物理上容易实现，而且算术运算也比较简单，其加、减法遵循"逢2进1"、"借1当2"的原则。

以下通过4个例子说明二进制数的加、减、乘、除运算过程。

（1）二进制加法。

1位二进制数的加法规则为：

$$0+0=0；0+1=1；1+0=1；1+1=10 （有进位）$$

例1-7 求11001010B+11101B。

解：
$$
\begin{array}{lr}
被加数 & 11001010 \\
加数 & 11101 \\
\hline
进位 & （00110000） \\
和 & 11100111
\end{array}
$$

则11001010B+11101B=11100111B。

由此可见，两个二进制数相加时，每1位有3个数参与运算（本位被加数、加数、低位进位），从而得到本位和以及向高位的进位。

（2）二进制减法。

1位二进制数减法的规则为：

$$1-0=1；1-1=0；0-0=0；0-1=1（有借位）$$

例1-8 求10101010B-10101B。

解：
$$
\begin{array}{lr}
被减数 & 10101010 \\
减数 & 10101 \\
\hline
借位 & （00101010） \\
差 & 10010101
\end{array}
$$

则10101010B-10101B=10010101B。

（3）二进制乘法。

1位二进制乘法规则为：

$$0\times0=0 \quad 0\times1=0 \quad 1\times0=0 \quad 1\times1=1$$

例1-9 求110011B×1011B。

解：

```
          被乘数        110011
           乘数          1011
                    ─────────────
                        110011
                       110011
                      000000
                     110011
                    ─────────────
            积       1000110001
```

则 110011B×1011B=1000110001B。

由运算过程可以看出，二进制数乘法与十进制数乘法相似，显然，这种算法计算机实现时很不方便，一般计算机中不采用这种算法。对于没有乘法指令的微型计算机来说，常采用比较、相加、与部分积右移相结合的方法进行编程来实现乘法运算。

（4）二进制除法。

二进制除法的运算过程类似于十进制除法的运算过程。

例 1-10 求 100100B÷101B。

解：

```
              000111
        101│  100100
              101
            ─────────
              1000
               101
            ─────────
               0110
                101
            ─────────
                  1
```

则 100100B÷101B 的商为 111B，余数为 1B。

二进制数除法是二进制数乘法的逆运算，在没有除法指令的微型计算机中，常采用比较、相减、与余数左移相结合的方法进行编程来实现除法运算。由于 MCS-51 系列单片机指令系统中包含加、减、乘、除指令，因此给用户编程带来了许多方便，同时也提高了机器的运算效率。

2．二进制数的逻辑运算

（1）"与"运算（AND）。

"与"运算又称逻辑乘，运算符为·或∧。"与"运算的规则如下。

$$0 \wedge 0=0 \qquad 0 \wedge 1=1 \wedge 0=0 \qquad 1 \wedge 1=1$$

例 1-11 若二进制数 X=10101111B，Y=01011110B，求 $X \wedge Y$。

```
         10101111
    ∧    01011110
    ─────────────
         00001110
```

则 $X \wedge Y$=00001110B。

（2）"或"运算（OR）。

"或"运算又称逻辑加，运算符为+或∨。"或"运算的规则如下。

$$0 \vee 0 = 0 \qquad 0 \vee 1 = 1 \vee 0 = 1 \qquad 1 \vee 1 = 1$$

例 1-12 若二进制数 X=10101111B，Y=01011110B，求 $X \vee Y$。

$$
\begin{array}{r}
10101111 \\
\vee \quad \underline{01011110} \\
11111111
\end{array}
$$

则 $X \vee Y$=11111111B。

（3）"非"运算（NOT）。

"非"运算又称逻辑非，如变量 A 的"非"运算记作 $\overline{A}$。"非"运算的规则如下。

$$\overline{1} = 0 \qquad \overline{0} = 1$$

例 1-13 若二进制数 A=10101111B，求 $\overline{A}$。

$$\overline{A} = \overline{10101111}B = 01010000B$$

由此可见，逻辑"非"可使 A 中各位结果均发生反变化，即 0 变 1，1 变 0。

（4）"异或"运算（XOR）。

"异或"运算的运算符为 $\oplus$，其运算规则如下。

$$0 \oplus 0 = 0 \qquad 0 \oplus 1 = 1 \qquad 1 \oplus 1 = 0 \qquad 1 \oplus 0 = 1$$

例 1-14 若二进制数 X=10101111B，Y=01011110B，求 $X \oplus Y$。

$$
\begin{array}{r}
10101111 \\
\oplus \quad \underline{01011110} \\
11110001
\end{array}
$$

则 $X \oplus Y$=11110001B。

1.2.4 数及字符在计算机内的编码

1. 机器数与真值

实际的数值是带有符号的，既可能是正数，也可能是负数，正数符号用加号（+）表示，负数符号用减号（-）表示，运算的结果也可能是正数，也可能是负数。于是在计算机中就存在着如何表示正数、负数的问题。

由于计算机只能识别 0 和 1，因此，在计算机中通常把一个二进制数的最高位作为符号位，以表示数值的正与负（若用 8 位表示一个数，则 D7 位为符号位；若用 16 位表示一个数，则 D15 位为符号位），并用 0 表示"+"，用 1 表示"-"。

例如，N1=+1011，在计算机中用 8 位二进制数可表示为：

符号\数值	D7	D6	D5	D4	D3	D2	D1	D0
0	0	0	0	0	1	0	1	1

2. 原码、补码与反码

（1）原码。

正数的符号位用 0 表示，负数的符号位用 1 表示，数值部分用真值的绝对值来表示的二进制机器数称为原码，用 $[X]_\text{原}$ 表示。

1）正数的原码。

若真值为正数 $X=+K_{n-2}K_{n-3}\cdots K_1K_0$（即 $n-1$ 位二进制正数），

则 $[X]_\text{原}=0\,K_{n-2}K_{n-3}\cdots K_1K_0$

2）负数的原码。

若真值为负数 $X=-K_{n-2}K_{n-3}\cdots K_1K_0$（即 $n-1$ 位二进制负数），

则 $[X]=0\,K_{n-2}K_{n-3}\cdots K_1K_0$

$$=2^{n-1}+K_{n-2}K_{n-3}\cdots K_1K_0$$
$$=2^{n-1}-(-K_{n-2}K_{n-3}\cdots K_1K_0)$$
$$=2^{n-1}-X$$

例如，+115 和−115 在计算机中（设机器字长为 8 位）的原码可分别表示为：

$$[+115]_\text{原}=01110011B；[-115]_\text{原}=11110011B$$

（2）补码与反码

1）补码的概念。

在日常生活中有许多"补"数的事例。例如，钟表，假设标准时间为 6 点整，而某钟表却指在 9 点，若要把表拨准，可以有两种拨法，一种是倒拨 3 小时，即 9−3=6；另一种是顺拨 9 小时，即 9+9=6。尽管将表针倒拨或顺拨不同的时数，但却得到相同的结果，即 9−3 与 9+9 是等价的。这是因为钟表采用 12 小时进位，超过 12 就从头算起，即 9+9=12+6，该 12 称为模（mod）。

模为一个系统的量程或此系统所能表示的最大数，它会自然丢掉。例如：

$$9-3=9+9=12+6\rightarrow 6 \qquad (\text{mod12 自然丢掉})$$

通常称+9 是−3 在模为 12 时的补数。于是，引入补数后使减法运算变为加法运算。

例如，$11-7=11+5\rightarrow 4$（mod12）

+5 是−7 在模为 12 时的补数，减 7 与加 5 的效果是一样的。

有如下规律。

① 正数的补码与其原码相同，即 $[X]_\text{补}=[X]_\text{原}$。

② 0 的补码为 0，$[+0]_\text{补}=[-0]_\text{补}=000\cdots00$。

③ 只有负数才有求补码的问题。

2）负数补码的求法。

补码的求法一般有两种。

① 用补码定义式。

$$[X]_\text{补}=2^n+X=2^n-|X| \qquad -2^{n-1}\leqslant X\leqslant 0（整数）$$

② 用原码求反码，再在数值末位加 1 可得到补码，即 $[X]_\text{补}=[X]_\text{反}+1$。

3）反码。

一个正数的反码，等于该数的原码；一个负数的反码，等于该负数的原码符号位不变（即为 1），数值位按位求反（即 0 变 1，1 变 0）；或者在该负数对应的正数原码上连同符号位逐位取反。

① 正数的反码：$[X]_\text{反}=[X]_\text{原}$。

② 负数的反码：$[X]_\text{反}=1\overline{K}_{n-2}\overline{K}_{n-3}\cdots\overline{K}_1\overline{K}_0$

③ 0 的反码：$[+0]_\text{反}=000\cdots00$

$[-0]_反=111\cdots11$

例 1-15 假设 $X1=+83$，$X2=-76$，当用 8 位二进制数表示一个数时，求 $X1$、$X2$ 的原码、反码及补码。

解：$[X1]_原=[X1]_反=[X1]_补=01010011B$

$[X2]_原=11001100B$

$[X2]_反=10110011B$

$[X2]_补=[X]_反+1=10110100B$

综上所述可归纳出以下几点。

正数的原码、反码、补码就是该数本身。

负数原码的符号位为 1，数值位不变。

负数反码的符号位为 1，数值位逐位求反。

负数补码的符号位为 1，数值位逐位求反并在末位加 1。

3．补码的运算规则与溢出判别

（1）补码的运算规则。

补码的运算规则如下。

1）$[X+Y]_补=[X]_补+[Y]_补$

该运算规则说明：任何两个数相加，无论其正负号如何，只要对它们各自的补码进行加法运算，就可得到正确的结果，该结果是补码形式。

2）$[X-Y]_补=[X]_补+[-Y]_补$

该运算规则说明：任意两个数相减，只要对减数连同"－"号求补，就变成 $[被减数]_补$ 与 $[-减数]_补$ 相加，该结果是补码形式。

3）$[[X]_补]_补=[X]_原$

对于运算产生的补码结果，若要转换为原码表示，则正数的结果 $[X]_补=[X]_原$；负数结果，只要对该补码结果再进行一次求补运算，就可得到负数的原码结果。

例 1-16 设 $X=37$，$Y=51$；用补码求 $X+Y$。

解：$[X]_补=00100101$，

$[Y]_补=00110011$，可得

$[X+Y]_补=[X]_补+[Y]_补$

$=00100101+00110011=01011000$

由于符号位为 0 是正数，所以：

$[X+Y]_原=[X+Y]_补=01011000$

则　　$X+Y=01011000B=+88$

例 1-17 设 $X=37$，$Y=51$；用补码求 $X-Y$。

解：$[-Y]_补=11001101$，

$[X-Y]_补=[X]_补+[-Y]_补$

$=00100101+11001101=11110010$

由于符号位为 1 是负数，所以

$[X-Y]_原=[[X-Y]_补]_补=10001110$

则　　$X-Y=-00001110B=-14$

例 1-18　设 $X=37$，$Y=51$；用补码求 $Y-X$。

解：$[-X]_{补}=11011011$，

$[Y-X]_{补}=[Y]_{补}+[-X]_{补}$

$\qquad=00110011+11011011=100001110$　（模 2^8 自然丢失）

则　　$Y-X=00001110B=+14$

（2）溢出的判别。

计算机中判别溢出通常采用双高位判别法。双高位判别法利用符号位（K_{n-1} 位）及最高数值位（K_{n-2} 位）的进位情况来判断是否发生了溢出。为此，需引进两个符号：CS 和 CP。

CS：若符号位发生进位，则 CS=1；否则 CS=0。

CP：若最高数值位发生进位，则 CP=1；否则 CP=0。

在计算机中，常用"异或"电路来判别有无溢出发生，即 CS⊕CP=1 表示有溢出发生，否则无溢出发生。

当两个正数补码相加时，若数值部分之和大于 2^{n-1}，则数值部分必有进位，CP=1；而符号位却无进位，CS=0。这时 CS⊕CP 的状态为"0⊕1=1"，发生正溢出，运算结果是错误的。

当两个负数补码相加时，若数值部分绝对值之和大于 2^{n-1}，则数值部分补码之和必小于 2^{n-1}，CP=0；而符号位肯定有进位 CS=1，这时 CS⊕CP 的状态为"1⊕0=1"，发生负溢出，运算结果错误。

当不发生溢出时，CS 和 CP 的状态是相同的，即 CS⊕CP 的状态为"0⊕0=0"或"1⊕1=0"。

例 1-19

```
  01011001    （+89）              10010010    （-110）
  01101100    （+108）             10100100    （-92）
+）011110000   （进位）          +）100000000   （进位）
  ─────────                        ─────────
  011000101   （-59）              100110110   （+54）
```

CS=0，CP=1，正溢出　　　　　　CS=1，CP=0，负溢出

例 1-20

```
  00110010    （+50）              11101100    （-20）
  01000110    （+70）             11100010    （-30）
+）0 00001100  （进位）          +）111000000   （进位）
  ─────────                        ─────────
  0 01111000  （+120）            111001110   （-50）
```

CS=0，CP=0，无溢出　　　　　CS=1，CP=1，无溢出

综上所述，对计算机而言，补码的引入使带符号数的运算都按加法处理。如果 CS⊕CP=0，则表示运算结果正确，没有溢出，运算结果的正与负由符号位决定；如果 CS⊕CP=1，则表示运算结果不正确，发生了溢出现象（如例 1-19）。

4. BCD 码和 ASCII 码

（1）BCD（binary coded decimal）码

二进制数以其物理易实现和运算简单的优点在计算机中得到了广泛应用，但人们日常习

惯最熟悉的还是十进制。为了既符合人们的习惯，又能让计算机接受，引入了 BCD 码。它用二进制数码按照不同规律编码来表示十进制数，这样的十进制数的二进制编码，既具有二进制的形式，又具有十进制的特点，便于传递处理。

1 位十进制数有 0～9 共 10 个不同数码，需要由 4 位二进制数来表示。4 位二进制数有 16 种组合，取其 10 种组合分别代表 10 个十进制数码。最常用的方法是 8421BCD 码，其中 8、4、2、1 分别为 4 位二进制数的位权值。十进制数和 8421BCD 码的对应关系如表 1-2 所示。

表 1-2　　　　　　　　　　十进制数和 8421BCD 码的对应关系

十进制数	8421BCD 码	十进制数	8421BCD 码	
0	0000	8		1000
1	0001	9		1001
2	0010	10	0001	0000
3	0011	11	0001	0001
4	0100	12	0001	0010
5	0101	13	0001	0011
6	0110	14	0001	0100
7	0111	15	0001	0101

从表 1-2 中可以看出，8421BCD 码与十进制数关系直观，二—十进制数间的相互转换容易。

例 1-21　将 78.43 转换成相应的 BCD 码，将 $(01101001.00010101)_{BCD}$ 转换成十进制数。

$$78.43=(0111\ 1000.0100\ 0011)_{BCD}$$

$$(0110\ 1001.0001\ 0101)_{BCD}=69.15$$

（2）BCD 码运算及十进制调整。

若想让计算机直接用十进制的规律进行运算，则将数据用 BCD 码来存储和运算即可。

例 1-22　4+3 即 $(0100)_{BCD}+(0011)_{BCD}=(0111)_{BCD}=7$

$$15+12\ 即\ (00010101)_{BCD}+(00010010)_{BCD}$$

$$=(00100111)_{BCD}=27$$

但是，8421BCD 码可表示数的范围为 0000～1111（即十进制的 0～15），而十进制数为 0000～1001（即 0～9）。所以，在运算时，必须注意以下两点。

1）当两个 BCD 数相加结果大于 1001（即大于十进制数 9）时，为使其符合十进制运算和进位规律，需对 BCD 码的二进制运算结果加 0110（加 6）调整。

例如：4+8。

$$(0100)_{BCD}+(1000)_{BCD}=(1100)_{BCD}>1001$$

调整后，其结果为：$(1100)_{BCD}+(0110)_{BCD}=(00010010)_{BCD}=12$。

2）两个 BCD 数相加，结果在本位上并不大于 1001，但有低位进位发生，使得两个 BCD 数与进位一起相加，其结果大于 1001，这时也要做加 0110（加 6）调整。

例 1-23　用 BCD 数完成 54+48 的运算。

解：$54=(01010100)_{BCD}$，$48=(01001000)_{BCD}$

$$
\begin{array}{r}
01010100 \\
+\quad 01001000 \\
\hline
10011100 \\
+\qquad 0110 \\
\hline
10100010 \\
+\qquad 0110 \\
\hline
000100000010
\end{array}
$$

（低 4 位大于 9）

（低 4 位加 6 调整）

（低 4 位有进位）

（高 4 位加 6 调整）

则（000100000010）$_{BCD}$=102。

（3）ASCII 码与奇偶校验。

在计算机的应用过程中，如操作系统命令，各种程序设计语言以及计算机运算和处理信息的输入/输出，经常用到某些字母、数字或各种符号，如英文字母的大小写，0～9 数字符，+、−、*、/运算符，＜、＞、=关系运算符等。但在计算机内，任何信息都是用代码表示的，因此，这些符号也必须有自己的编码。

ASCII 码采用 7 位二进制数对字符进行编码，它包括 10 个十进制数 0～9、大小写英文字母各 26 个、32 个通用控制符号、34 个专用符号，共 128 个字符。其中数字 0～9 的 ASCII 码分别为 30H～39H，英文大写字母 A～Z 的 ASCII 码从 41H 开始依次编至 5AH。ASCII 码从 20H～7EH 均为可打印字符，而 00H～1FH 为通用控制符，它们不能被打印出来，只起控制或标志的作用，如 0DH 表示回车符（CR），0AH 表示换行符（LF），04H（EOT）为传送结束标志。

1.3　计算机系统的组成

1.3.1　计算机的硬件组成

1. 计算机的基本组成

一台计算机的基本结构如图 1-1 所示。它由运算器、控制器、存储器、输入设备和输出设备 5 部分组成。

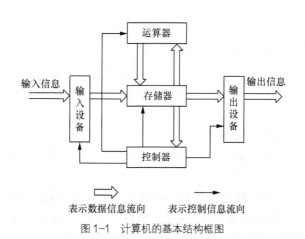

图 1-1　计算机的基本结构框图

运算器是计算机进行数据处理的主要部分，主要由算术逻辑运算部件、累加器及寄存器等构成。

控制器可以根据计算机指令的功能发出一系列微操作命令，控制计算机各个部件自动、协调一致地工作。

存储器是用来存储数据和指令（程序）的部件。

输入设备（如键盘、鼠标、触摸板）是用来输入数据、程序及操作命令的部件。

输出设备则用来表示计算机对数据处理的结果。

2．微型计算机

随着大规模集成电路技术的迅速发展，把运算器、控制器和通用寄存器集成在一块半导体芯片上，称为微处理器（机），也称 CPU，它是计算机的核心部件。

微处理器主要由算术逻辑运算部件（ALU）、累加器、控制逻辑部件、程序计数器及通用寄存器等组成。

3．存储器

存储器具有记忆功能，用来存放数据和程序。计算机中的存储器主要有随机存储器（RAM）和只读存储器（ROM）两种。随机存储器一般用来存放计算机运行过程中的中间数据，计算机掉电时数据不再保存，只读存储器一般用来存放程序，计算机掉电时信息不会丢失。

在计算机中，二进制数的每一位是数据的最小存储单位。将 8 位（bit）二进制数称为一字节（byte），字节是是计算机存储信息的基本数据单位。

存储器的容量常以字节为单位表示如下。

1byte=8bit   1024B=1KB

1024KB=1MB   024MB=1GB

1024GB=1TB

在 MCS-51 单片机中，存储器容量一般可以扩展为 64KB，即 $64 \times 1024 = 65536$ 字节存储单元。

4．总线

总线是连接计算机各部件之间的一组公共的信号线。其可分为系统总线和外总线两种。

系统总线是以微处理器为核心引出的连接计算机各逻辑功能部件的信号线。微处理器通过总线与部件相互交换信息，这样可以灵活机动、方便地改变计算机的硬件配置，使计算机物理连接结构大大简化。但是，由于总线是信息的公共通道，各种信息相互交错，非常繁忙，因此，CPU 必须分时地控制各部件在总线上相互传送信息，即总线上任一时刻只能有一个连接在总线上的设备传送一种信息。所以系统总线应包括：地址总线（AB）、控制总线（CB）、数据总线（DB）。

地址总线（AB）：CPU 根据指令的功能需要访问某一存储器单元或外部设备时，其地址信息由地址总线输出，然后经地址译码单元处理。地址总线为 16 位时，可寻址范围为 $2^{16}=64KB$，地址总线的位数决定了所寻址存储器的容量。在任一时刻，地址总线上的地址信息唯一对应某存储单元或外设。

控制总线（CB）：由 CPU 产生的控制信号通过控制总线向存储器或外部设备发出控制命令，以使设备在信息传送时协调一致地工作。因为 CPU 还可以接收由外部设备发来的中断请求信号和状态信号，所以控制总线可以是输入、输出或双向的。

数据总线（DB）：CPU 是通过数据总线与存储单元或外部设备交换数据信息的，故数据总线为双向总线。在 CPU 进行读操作时，存储单元或外部设备的数据信息通过数据总线传送给 CPU，在 CPU 进行写操作时，CPU 把数据通过数据总线传送给存储单元或外设。

5. 输入输出（I/O）接口

CPU 通过接口电路与外部输入、输出设备交换信息 。

1.3.2 计算机软件系统

计算机的工作过程其实就是执行程序的过程，计算机所做的任何工作都是执行程序的结果。软件就是程序，软件系统就是计算机上运行的各种程序、管理的数据和有关的各种文档。

根据软件功能的不同，软件可分为系统软件和应用软件。

使用和管理计算机的软件称为系统软件，包括操作系统、各种语言处理程序（如 C51 编译器）等软件，系统软件一般由商家提供给用户。

应用软件是由用户在计算机系统软件资源的平台上，为解决实际问题所编写的应用程序。

1.3.3 计算机语言

计算机语言是实现程序设计，以便人与计算机进行信息交流的必备工具，又称程序设计语言。

在计算机程序设计时使用到的计算机语言，目前为止，已经由低级到高级经历了机器语言、汇编语言、高级语言的发展过程。

1. 机器语言

微机内部所有的信息都是采用二进制 0 和 1 的位串表示的，机器指令就是计算机能够直接识别和执行的一组二进制代码。

对某种特定的计算机而言，其所有机器指令的集合，称为该计算机的机器指令系统。它既是提供用户编制程序的基本依据，也是进行计算机逻辑计算的基本依据。指令系统的性能如何，决定了计算机系统的基本功能。机器指令系统及其使用规则构成这种计算机的机器语言。完成特定功能的一系列机器指令的有序集合，称为机器语言程序。

机器语言具有以下特征。

（1）它是唯一能够被计算机直接识别并执行的语言。

（2）它是由 0、1 代码构成的语言，和自然语言相差甚远，不便于阅读和理解。

（3）它是面向机器的语言。

2．汇编语言

采用容易记忆的英文符号名（称为助记符）来表示的机器语言，称为汇编指令。例如用 ADD、SUB、JMP 等英文字母或其缩写形式来表示加、减、转移等指令操作。计算机中的每一条机器指令都对应一条汇编指令，所有汇编指令的集合构成了计算机的汇编指令系统。此处重点强调以下几点。

（1）汇编语言指令：又称为符号指令，是机器指令符号化的表示。

（2）汇编语言：由汇编语言指令、汇编语言伪指令及汇编语言的语法规则组成。

（3）汇编语言源程序：按照严格的语言规则用汇编语言编写的程序，称为汇编语言源程序或源程序。

（4）汇编程序：把汇编语言源程序翻译成目标程序的语言加工程序称为汇编程序。汇编程序进行翻译的过程叫作汇编。将汇编程序翻译成机器语言后，才能交付计算机硬件系统加以识别和执行。汇编程序是为计算机配置的、实现把汇编语言源程序翻译成目标程序的一种系统软件。

汇编语言具有以下特征。

（1）以机器指令的助记符表示，较接近自然语言，较容易编程、阅读和记忆。

（2）翻译程序是一对一的转换，生成的目标代码效率高。

（3）适合于在硬件层次上开发程序。

3．高级语言

高级程序设计语言接近人类自然语言的语法习惯，与计算机硬件无关，用户易于掌握和使用。目前广泛应用的高级语言有多种，如 BASIC、FORTRAN、PASCAL、C、C++等。同样的道理，用高级语言书写的源程序也必须由汇编程序翻译成机器指令目标代码。

高级语言具有以下特征。

（1）更接近于自然语言，编程、阅读更容易。

（2）与计算机硬件系统无关，一个计算机系统是否支持该高级语言只取决于有无相应的编译软件。

（3）生成的目标代码效率低。

1.3.4　程序设计的过程

1．程序设计的步骤

程序设计的一般步骤如下。

（1）确定数据结构。依据任务提出的要求，规划输入数据和输出的结果，确定存放数据的数据结构。

（2）确定算法。针对所确定的数据结构确定解决问题的步骤。

（3）编程。根据算法和数据结构，用程序设计语言编写程序，存入计算机中。

（4）调试。在编译程序环境下，编译、调试源程序，修改语法错误和逻辑错误，直至程序运行成功。

（5）整理源程序并总结资料。

2. 算法

算法是为解决某一特定的问题，而给出的一系列确切的、有限的操作步骤。程序设计的主要工作是算法设计，只有好的算法，才会产生质量较好的程序。程序实际上是用计算机语言描述的算法。也就是说，依据算法给定的步骤，用计算机语言规定的表达形式去实现这些步骤，即为源程序。

目前，算法一般采用自然语言、一般流程图、N-S 结构流程图等来描述。

例 1-24　求 $S=1+2+3+\cdots+99+100$ 的值的算法可以用下面的方式描述。

（1）用自然语言描述。

设一个整型变量 i，并令 $i=1$（这里的"="不同于数学里的等号，它表示赋值，这里把 1 赋给 i，以下类同）。

设一个整型变量 s 存放累加和。

每次将 i 与 s 相加后存入 s。

使 i 值增加 1，取得下次的加数。

重复执行上步，直到 i 的值大于 100 时，执行下一步。

将累加和 s 的值输出。

（2）用一般流程图描述，如图 1-2 所示，在读图之前我们来学习下用一般流程图描述程序的运行时将会碰到的符号。

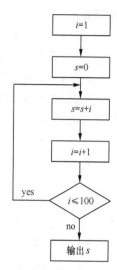

图 1-2　一般流程图

开始与结束标志　　　处理框　　　判断框　　　流程线

开始与结束标志：是个椭圆形符号，用来表示一个过程的开始或结束。"开始"或"结束"写在符号内。

处理框：用来表示过程中的一个单独步骤，活动的简要说明写在矩形内。

判断框：用来表示过程中的一项判定或一个分岔点，判定或分岔的说明写在菱形内，常以问题的形式出现。

流程线：流线的箭头表示一个过程的流向。

（3）N-S 结构流程图是将算法的每一步骤，按顺序连接成一个大的矩形框来表示，从而完整地描述一个算法。N-S 结构流程图将在后面的章节中介绍。

习题

1. 什么是单片机？

2. 单片机有哪些类型，单片机的应用有哪些？单片机的发展趋势是什么？

3. 将下列十进制数转换为二进制数和十六进制数。

　　（1）135　　　　　　（2）0.625　　　　　　（3）47.6875　　　　　（4）0.94

（5）111.111   （6）111.111

4．将下列二进制数转换为十进制数和十六进制数。

（1）11010110B   （2）1100110111B   （3）0.1011B   （4）1011.1011

5．将下列十六进制数转换成十进制数和二进制数。

（1）AAH   （2）BBH   （3）C.CH

（4）DE.FCH   （5）128.08H

6．将下列各数变成二进制数形式，然后完成加法和减法运算，写在前面的数为被加数或被减数。

（1）97H 和 0FH   （2）A6H 和 33H   （3）F3H 和 F4H   （4）B6H 和 EDH

7．完成下列各数的乘除运算，写在前面的数为被乘数或被除数。

（1）110011B 和 101101B   （2）111111B 和 1011B

8．先把下列十六进制数转换成二进制数，然后分别完成逻辑乘、逻辑加和逻辑异或操作，要求写出竖式。

（1）33H 和 BBH   （2）ABH 和 7FH   （3）CDH 和 80H   （4）78H 和 0FH

9．写出下列各十进制数的原码、反码和补码（用二进制数表示）。

21   −21   59   −59   127   −127   1   −1

10．写出下列十进制数的 8421BCD 码。

（1）1234   （2）5678

11．计算机硬件系统由哪些部件组成？

12．存储器的作用是什么？只读存储器和随机存储器有什么不同？

13．什么是总线？总线主要由哪几部分组成？各部分的作用是什么？

14．计算机语言有哪 3 类？各有什么特点？

第2章 MCS-51单片机硬件的功能结构及内部组成

近年来，单片机的应用越来越广泛，许多公司都推出了自己的 8 位单片机，但基本都是以 MCS-51 为内核，与 MCS-51 兼容。本章以 MCS-51 为基础，详细介绍芯片的内部硬件资源、各功能部件的结构和原理。

2.1 MCS-51 单片机的内部结构及特点

2.1.1 基本组成

单片机是在一块硅片上集成了 CPU、RAM、ROM、定时/计数器、并行 I/O 接口、串行接口等基本功能部件的大规模集成电路，又称为 MCU。MCS-51 单片机包含下列部件。

（1）一个 MCS-51 内核的 8 位微处理器（CPU）。

（2）一个片内振荡器及时钟电路，最高允许振荡频率为 24MHz。

（3）4KB 程序存储器 ROM，用于存放程序代码、数据或表格。

（4）128 字节数据存储器 RAM，用于存放随机数据，变量、中间结果等。

（5）4 个 8 位并行 I/O 接口 P0-P3，每个口都可以输入或输出。

（6）2 个 16 位定时/计数器，每个定时/计数器都可以设置成定时器方式或者计数器方式。

（7）1 个全双工串行口，用于实现单片机之间或单片机与 PC 之间的串行通信。

（8）5 个中断源、2 个中断优先级的中断控制系统。

（9）1 个布尔处理机（位处理器），支持位变量的算术逻辑操作。

（10）21 个特殊功能寄存器 SFR（或称专用寄存器），用于控制内部各功能部件。

对外具有 64KB 的程序存储器和数据存储器寻址能力，支持 111 种汇编语言指令。MCS-51 单片机的内部结构如图 2-1 所示，其内部各硬件模块之间由内部总线相连接。

图 2-1 中，存储器的类型和容量、定时/计数器数量、中断源数量随子型号的不同而有变化，如表 2-1 所示。

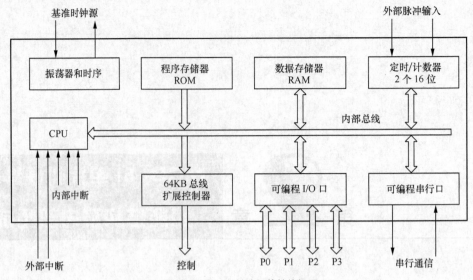

图 2-1 MCS-51 单片机的结构框图

表 2-1   MCS-51 系列单片机不同子型号的资源配置

型号		ROM	EPROM	RAM	定时/计数器	中断源
51	8031	—		128B	2×16 位	5
	8051	4KB		128B	2×16 位	5
	8751		4KB	128B	2×16 位	5
52	8032		—	256B	3×16 位	6
	8052	8KB		256B	3×16 位	6
	8752		8KB	256B	3×16 位	6

    8051 都是采用 HMOS 工艺制造的，80C51 是 8051 的改进，采用低功耗的 CHMOS 工艺制作，如 80C51、80C31、87C51，分别与 8051 兼容。

2.1.2 内部结构

    MCS-51 单片机内部结构如图 2-2 所示。

    一个完整的计算机应该由中央处理单元 CPU（运算器和控制器）、存储器（ROM 和 RAM）、和 I/O 接口组成。下面简单介绍 MCS-51 各部分的功能。

1. 中央处理单元 CPU

    CPU 是单片机的核心，由运算器和控制器组成，负责单片机的运算和控制。

    （1）运算器。运算器包括一个算术逻辑单元（ALU），暂存器 1、暂存器 2、8 位的累加器 ACC、寄存器 B 和程序状态字 PSW 等。算术运算是指加、减、乘、除四则运算，运算时按从右到左的次序，并关注位与位之间的进位或借位；逻辑运算是指与、或、非、异或、求反、移位等操作，运算时按位进行，但各位之间无关联。

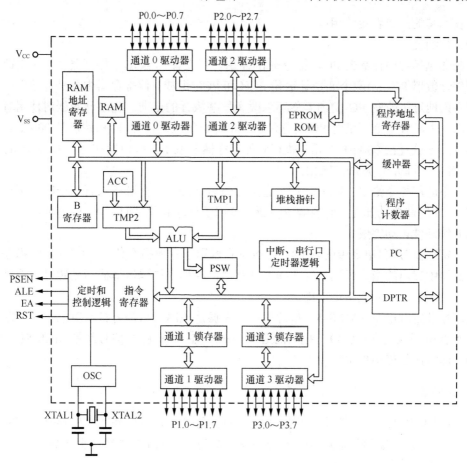

图 2-2　MCS-51 单片机内部结构

ALU：可对 4 位（半字节）、8 位（单字节）和 16 位（双字节）数据进行操作，能执行加、减、乘、除、加 1、减 1、BCD 数的十进制调整及比较等算术运算和与、或、异或、求补及循环移位等逻辑操作。

累加器：累加器（ACC）是使用最频繁的一个专用寄存器。在算术和逻辑运算中，经常使用累加器做为一个操作数，并且保存运算结果。在某些操作中，必须有累加器的参与，如对外部数据存储器的操作等。

程序状态字：写为 PSW，8 位，用来指示指令执行后的状态信息，相当于一般微处理器的状态寄存器。PSW 中的各位状态供程序查询和判断使用，可构成程序的分支和转移。

寄存器 B：8 位寄存器，直接支持 8 位的乘除法运算，作为一个参与运算的操作数，并保存部分运算结果。当不做乘除法时，也可做通用寄存器。

另外，MCS-51 单片机中还有一个布尔处理器，即位处理器，它以程序状态字中最高位 C（即进位位）作为位累加器，专门用来进行位操作。可以完成位变量操作（布尔处理）、传送、测试转移、逻辑运算等。

把 8 位微型计算机和 1 位微型计算机互相结合在一起是微型计算机技术上的一个突破。1位机在开关变量决策、逻辑电路仿真和实时控制方面非常有效。而 8 位机在数据采集及处理、数值运算等方面有明显的长处。在 MCS-51 单片机中，8 位微处理器和位处理器的硬件资源是复合在一起的，二者相辅相成。

（2）控制器

控制器包括程序计数器 PC、指令寄存器 IR、指令译码器 ID、振荡器及定时电路等。

程序计数器 PC：由两个 8 位计数器 PCH 和 PCL 组成。该寄存器中总是存放下一条要执行的指令的地址，改变 PC 的内容就可以改变程序执行的走向。程序计数器对使用者来说是不可见的，也没有指令可以对 PC 进行赋值。单片机复位时，PC 的初始值是 0000H，因此第一条指令应该放置在 0000H 单元。执行对外部存储器或 I/O 接口操作时，PC 内容的低 8 位从 P0 口输出，高 8 位从 P2 口输出。

既然不能用指令给 PC 赋值，那么它是如何运行的呢？在顺序执行指令时，每读取一个指令字节，PC 就自动加 1；而当响应中断、调用子程序和跳转时，PC 的值要按一定规律变动，由系统硬件自动完成。

指令寄存器 IR 和指令译码器 ID：指令寄存器用于存放指令代码。CPU 执行指令时，从程序存储器中读出的指令代码被送入指令寄存器，经指令译码器译码后由定时与控制电路发出相应的控制信号，完成指令功能。

振荡器及定时电路：MCS-51 单片机内部有振荡电路，只需外接石英晶体和频率微调电容（2 个 30pF 左右的小电容），频率范围为 0~24MHz。该脉冲信号就是 MCS-51 工作的基本节拍，即时间的最小单位。

2．存储器

MCS-51 单片机芯片上有两种存储器，一种是可编程、可电擦除的程序存储器，称为 Flash ROM；另一种是随机存储器 RAM，可读可写，断电后 RAM 的内容也会丢失。

（1）程序存储器（Flash ROM）

MCS-51 片内程序存储器的容量为 4KB，地址范围是 0000H~0FFFH，用于存放程序和表格常数。

（2）数据存储器（RAM）

MCS-51 片内数据存储器的容量为 128 字节，使用 8 位地址表达，范围是 00H~7FH，用于存放中间结果、数据暂存和数据缓冲等。

在这 128 字节的 RAM 中，有 32 字节可指定为工作寄存器。这和一般微处理器不同，MCS-51 的片内 RAM 与工作寄存器都安排在一个队列里统一编址。

从图 2-2 中可以看到，MCS-51 内部还有 SP、DPTR、PSW、IE 等许多特殊功能寄存器（special function register，SFR），这些 SFR（共 21 个）的地址紧随 128 字节片内 RAM 之后，离散地分布在 80H~0FFH 地址范围内。高 128 字节中有许多地址单元在物理上是不存在的，对它们进行读操作会得到不可预期的结果。

3．I/O 接口

MCS-51 有 4 个与外部交换信息的 8 位并行 I/O 接口，即 P0~P3。它们都是准双向端口，每个端口有 8 条 I/O 线，都可以输入或输出。这 4 个口都有端口锁存器地址，它们属于 SFR。

2.2　MCS-51 单片机的引脚及功能

MCS-51 单片机有 40 引脚双列直插方式（DIP）和 44 引脚方形封装方式两种，以 40 引脚封装比较常见。图 2-3 所示为 DIP 方式的 MCS-51 单片机引脚配置图。

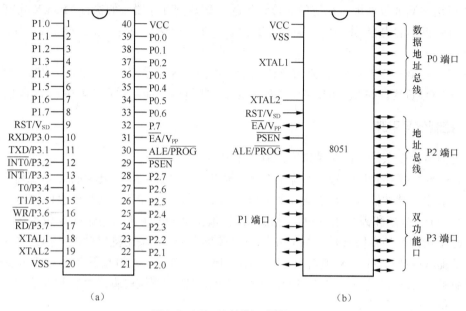

图 2-3　MCS-51 单片机引脚配置图

图 2-3 中，左侧为按引脚排列的实际芯片配置情况，右侧为按逻辑分类的示意图。一般习惯上，若给出芯片豁口，则表示引脚是按实际情况排列；若无芯片豁口，则表示是按功能逻辑排列。在电路设计中经常使用右侧的方式来进行原理图设计，以使原理图更清晰明确。

MCS-51 单片机的 40 个引脚可大致分为 3 大类。

1. 电源、地和外接晶体引脚

VCC：芯片电源，为+5V。

VSS：接地端。

XTAL2；XTAL1：时钟电路引脚，详细内容参见 2.5.1 时钟信号。

2. 输入输出（I/O）引脚

共 4 个 8 位并行 I/O 口，分别命名为 P0、P1、P2、P3。

P0 口（P0.0～P0.7）：P0 口是漏极开路的 8 位准双向 I/O 端口。输出时，每位能驱动 8 个 TTL 负载。做为输入口使用时，先向口锁存器写入全 1，可实现高阻输入。这就是准双向的含义。

在 CPU 访问片外存储器时，P0 口分时提供低 8 位地址和作为 8 位双向数据总线。当作为地址/数据总线时，P0 口不再具有 I/O 口特征，此时 P0 口内部上拉电阻有效，不是开漏输出，详见 2.4.1P0 口结构及功能。

P1 口（P1.0～P1.7）：P1 口是带有内部上拉电阻的 8 位准双向 I/O 口。P1 口的输出缓冲器能驱动 4 个 TTL 负载，详见 2.4.2P1 口结构及功能。

P2 口（P2.0～P2.7）：P2 口是带有内部上拉电阻的 8 位准双向 I/O 口。P2 口的输出缓冲器可驱动 4 个 TTL 负载。

在访问外部程序存储器或 16 位地址的外部数据存储器（如执行 MOVX @DPTR 指令）时，P2 口送出高 8 位地址。在访问 8 位地址的外部数据存储器（如执行 MOVX @R0 指令）时，P2 口引脚上的内容（即 P2 口锁存器的内容）在访问期间保持不变，详见 2.4.3P2 口结构及功能。

P3 口（P3.0～P3.7）：P3 口是带有内部上拉电阻的 8 位准双向口。P3 口的输出缓冲器可驱动 4 个 TTL 负载。在 MCS-51 中，P3 口还有一些复用功能，详见 2.4.4P3 口结构及功能。

3. 控制信号引脚

控制信号比较杂乱，但非常重要，有以下几种。

ALE：地址锁存允许信号，下降沿有效，输出。当 MCS-51 上电复位正常工作后，ALE 引脚不断输出正脉冲信号，大致是每个机器周期 2 个脉冲。CPU 访问片外存储器时，ALE 信号用于从 P0 口分离和锁存低 8 位地址信息，其输出脉冲的下降沿用作低 8 位地址的锁存信号。平时不访问片外存储器时，ALE 引脚以振荡频率的 1/6 输出固定脉冲。但是当访问外部数据存储器（即执行 MOVX 类指令）时，ALE 脉冲会有缺失，因此不宜用 ALE 引脚做为精确定时脉冲。ALE 端能驱动 8 个 TTL 负载。用示波器检测该引脚是否有脉冲输出，可大致判断单片机是否正常工作。

RST：复位信号，高电平有效，输入。当这个引脚维持 2 个机器周期的高电平时，单片机就能完成复位操作。

$\overline{PSEN}$：程序存储器读选通，低电平有效，输出。当 MCS-51 从片外程序存储器取指令时，每个机器周期 $\overline{PSEN}$ 两次有效。$\overline{PSEN}$ 引脚也能驱动 8 个 TTL 负载。

$\overline{EA}$：片内外程序存储器选择控制端，输入。

当 $\overline{EA}$ 接高电平时，CPU 先访问片内程序存储器，当程序计数器 PC 的值超过 4KB 范围时，自动转去执行片外程序存储器的程序。

当 $\overline{EA}$ 端接地时，CPU 只访问片外 ROM，而不论是否有片内程序存储器。

2.3 存储器的结构和配置

MCS-51 单片机的存储结构与传统计算机不同。一般微机不区分 ROM 和 RAM，而把它们统一安排在同一个物理和逻辑空间内。CPU 访问存储器时，一个地址对应唯一的一个存储器单元，所使用的指令也相同，但控制信号不同。另外对 I/O 端口采用独立的译码结构和操作指令。这种配置方法称为普林斯顿结构，PC 上采用这种方式。

MCS-51 单片机的存储器在物理结构上分为程序存储器空间和数据存储器空间，共有 4 个空间：片内程序存储器、片外程序存储器空间、片内数据存储器和片外数据存储器空间。这种两类存储器分开的形式称为哈佛结构。需要注意的是，I/O 端口地址也包含在片外数据存储器空间范围之内。从编程者的角度看，MCS-51 单片机存储器地址分为以下 3 种。

（1）片内外统一编址的 64KB 程序存储器空间，16 位地址，地址范围为 0000H～0FFFFH。

（2）片外 64KB 数据存储器地址空间（含 I/O 端口），16 位，地址范围为 0000H～0FFFFH。

（3）片内数据存储器地址空间，8 位，地址范围为 00H～7FH，容量为 128 字节。

此外，MCS-51 单片机的专用寄存器共有 21 个，它们离散地分布在片内 RAM 地址的高 128 字节区间。如果子型号有 256 字节片内 RAM，则用不同的寻址方式来区别高 128 字节 RAM 和专用寄存器。

MCS-51 单片机的存储器空间配置如图 2-4 所示。

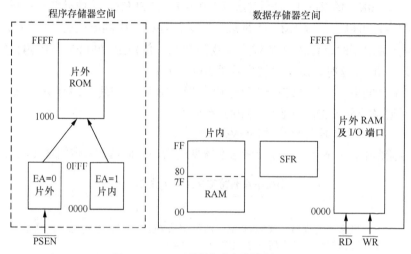

图 2-4 MCS-51 单片机的存储器空间配置

图 2-4 的几点说明如下。

（1）对于片内无 ROM 的子型号，如 8031，应将 $\overline{EA}$ 引脚接地，程序存储器全部存放在片外 ROM，地址空间为 0000H～FFFFH；对于片内带有 flash 的子型号如 8051，应将 $\overline{EA}$ 端接高电平，系统先执行片内的 4KB 程序，再转去执行片外的最多 60KB 程序。

（2）关于数据存储器，片内部分有 128 字节和 256 字节之分。52 子系列的片内 RAM 是 256 字节，其高 128 字节的地址与专用寄存器的地址空间重叠，这时要用指令的不同类型来分别寻址：对于专用寄存器，只能用直接寻址方式；对于高 128 字节 RAM，只能用寄存器间接寻址方式。另外，还需要注意到，片外 64KB 数据存储器空间还包含 I/O 端口地址在内。显然，对于单片机来说，I/O 端口数的理论上限可以是 64KB 个。

（3）对于程序存储器，片内和片外两部分在物理上是分离的，在逻辑上是统一的。所谓逻辑上统一，是指它们的地址是连续安排的，片内部分为 0000H～0FFFH，片外部分紧接着为 1000H～0FFFFH，是一个统一的整体空间；而对于数据存储器，片内和片外两部分在物理上和逻辑上都是分开的。片内 128 字节的地址为 00～7FH，片外部分是 0000H～0FFFFH。

可以看到，这些地址空间有重叠的部分，那么如何区分这 3 个不同的地址空间呢？MCS-51 的指令系统设计了不同的数据传送指令：CPU 访问程序存储器时使用 MOVC 型指令，访问片外 RAM（以及 I/O 端口）时使用 MOVX 型指令，而访问片内 RAM 时使用 MOV 型指令。执行不同指令时，CPU 会发出不同的控制信号：访问片外 ROM 时发出 $\overline{PSEN}$ 信号，访问片外 RAM 或 I/O 时发出 $\overline{RD}$ 或 $\overline{WR}$ 信号，访问片内 RAM 时，不发出外部控制信号。

2.3.1 程序存储器空间

在计算机处理问题之前，必须事先把编好的程序和所需表格常数等存入计算机中。单片机中完成这一任务的物理器件就是程序存储器。程序存储器是以程序计数器 PC 做地址指针，MCS-51 系列的程序计数器 PC 是 16 位的，因此最大寻址空间为 64KB，地址范围为 0000H～FFFFH。

程序存储器是非易失性的，程序一旦写入，就不会因停电而丢失。

MCS-51 片内的闪速程序存储器（flash ROM）容量为 4KB，地址范围是 0000H～0FFFH；片外最多可扩充 60KB 的 ROM，地址范围为 1000H～0FFFFH，片内外统一编址。必须注意，程序存储器的容量可以小于 64KB，但地址空间必须连续，中间不能有"空洞"。

当 $\overline{EA}$ 端接高电平时，MCS-51 的程序计数器 PC 在 0000H～0FFFH 范围内执行片内程序；当指令地址超过 0FFFH 时，就自动转向片外 ROM 去取指令。

如果 $\overline{EA}$ 端接低电平，则 MCS-51 放弃片内的 4KB 程序空间，CPU 只能从片外 ROM 中取指令，这时要求片外 ROM 地址从 0000H 单元开始。

读取程序存储器中的信息使用"MOVC"指令。

在程序存储器中，有 6 个单元是分配给系统使用的，它们具有特定的含义，如表 2-2 所示。

表 2-2　　　　　　　　　　　　系统中具有特定含义的 6 个单元

单元地址	含义、用途
0000H	单片机系统复位后，PC=0000H，即程序从 0000H 开始执行指令。通常在此安排一条无条件转移指令，使之转向主程序的入口地址
0003H	外部中断 0 入口地址
000BH	定时器 0 溢出中断入口地址
0013H	外部中断 1 入口地址
001BH	定时器 1 溢出中断入口地址
0023H	串行口中断入口地址

2.3.2 数据存储器空间

数据存储器 RAM 用于存放运算的中间结果、数据暂存和缓冲、状态标志等。

数据存储器空间也分为片内和片外两部分。片内数据存储器的地址为 00H～FFH，共 256B，按功能划分为两个区域：00H～7FH 为 128B 用户可使用的 RAM；80H～FFH 专为特殊功能寄存器使用，如图 2-5 所示；片外存储器为 64KB，16 位地址，范围为 0000H～0FFFFH。

1. 片内 RAM

MCS-51 单片机的片内数据存储器仅为 128 字节（MCS-52 为 256 字节）。这部分资源非常重要，工作寄存器区、位寻址区和堆栈都在这个区域内。片内 RAM 地址短，执行速度快，在用汇编语言编写的程序中约有 50%的指令要和这些寄存器打交道。除了上述比较特殊的用途外，其他单元可用于存放运算的中间结果、数据暂存及缓冲等。

用户可使用的 RAM 中，低 128B 又可以划分为 3 个区域：工作寄存器组、位寻址区和数据缓冲区，如图 2-5 所示。

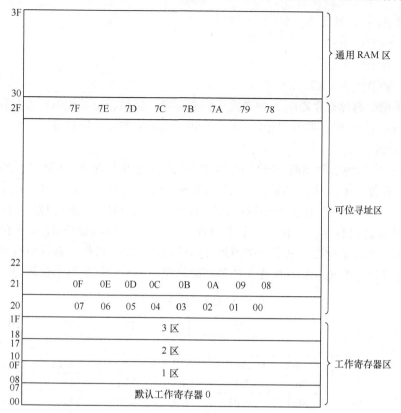

图 2-5 片内 RAM 功能分区图

① 工作寄存器组。

工作寄存器组由 32 个 RAM 单元组成，地址为 00H～1FH，分为 4 个区，每个区由 8 个通用工作寄存器 R0～R7 组成。CPU 在工作时，在某一时刻只能选择 4 个工作寄存器中的一个作为当前工作寄存器。工作寄存器组的选择由 PSW 中的 RS1 和 RS0 确定。PSW 的值可通过编程设置，从而选择不同的工作寄存器组，如表 2-3 所示。

表 2-3 工作寄存器组

工作寄存器组	工作寄存器选择位		工作寄存器所占的当前 RAM 地址
	PSW.4 （RS1）	PSW.3 （RS0）	R0～R7
0 区	0	0	00H～07H
1 区	0	1	08H～0FH
2 区	1	0	10H～17H
3 区	1	1	18H～1FH

如果程序中没有全部使用 4 个工作寄存器组，那么未被使用的工作寄存器组所对应的单元也可以作为一般的数据缓冲区使用。

单片机复位后，由于 PSW 被清零，所以 CPU 默认 0 区为当前工作寄存器组，此时寄存器 R0～R7 对应 00H～07H 单元。

假如当前使用工作寄存器 1 区，则此时的 R7 地址为 0FH。请考虑，如果当前使用的是 2

区，那么此时 R1 的地址是多少？

又例如，SETB　RS1

　　　　　SETB　RS0

　　　　　MOV　A，R7

上面 3 条指令选择寄存器组 3 为当前工作寄存器，然后将寄存器 R7 的内容送入累加器 A，在汇编上面的指令时，符号"RS1"和"RS0"由它们的位地址代替。

② 位寻址区。

片内 RAM 字节地址为 20H～2FH 的 16 字节为位寻址区。这些 RAM 单元除了可按字节寻址外，还可按位寻址，共有 128 位，其位地址为 00H～7FH。例如，表 2-4 中，字节地址为 22H 的单元，它每一位的地址分别为 17H、16H、15H、14H、13H、12H、11H、10H。

从 20H 单元到 2FH 单元，位地址范围为 00H～7FH，恰好与整个 RAM 区的字节地址范围相重合。可以通过指令类型来区分字节地址和位地址。单片机指令系统中有许多位操作指令，可以直接使用这些位地址，这能使许多复杂的逻辑关系运算变得十分简便。

表 2-4　　　　　　　　　　　　片内 RAM 中的位寻址区

RAM 字节地址	D7	D6	D5	D4	D3	D2	D1	D0
7FH								
2FH	7FH	7EH	7DH	7CH	7BH	7AH	79H	78H
2EH	76H	76H	75H	74H	73H	72H	71H	70H
2DH	6FH	6EH	6DH	6CH	6BH	6AH	69H	68H
2CH	67H	66H	65H	64H	63H	62H	61H	60H
2BH	5FH	5EH	5DH	5CH	5BH	5AH	59H	58H
2AH	57H	56H	55H	54H	53H	52H	51H	50H
29H	4FH	4EH	4DH	4CH	4BH	4AH	49H	48H
28H	47H	46H	45H	44H	43H	42H	41H	40H
27H	3FH	3EH	3DH	3CH	3BH	3AH	39H	38H
26H	37H	36H	35H	34H	33H	32H	31H	30H
25H	2FH	2EH	2DH	2CH	2BH	2AH	29H	28H
24H	27H	26H	25H	24H	23H	22H	21H	20H
23H	1FH	1EH	1DH	1CH	1BH	1AH	19H	18H
22H	17H	16H	15H	14H	13H	12H	11H	10H
21H	0FH	0EH	0DH	0CH	0BH	0AH	09H	08H
20H	07H	06H	05H	04H	03H	02H	01H	00H
18H	3 区							
10H	2 区							
08H	1 区							
00H	0 区							

另外，对 MCS-51 系列单片机来说，在特殊功能寄存器中有 11 个寄存器（字节地址能被 8 整除的 11 个寄存器），也可以按位寻址。

③ 数据缓冲区。

地址为 30H～7FH 的 RAM 称为数据缓冲区或通用 RAM 区，这些单元只能按字节寻址，可用于用户存放数据或开辟堆栈。

由于复位时，堆栈指针 SP 指向 07H 单元，堆栈实际是从 08H 单元开始存放数据的，与 1 区工作寄存器组重叠，所以在使用堆栈时，应重新设置堆栈在 30H～7FH，以免影响工作寄存器各区的正常使用。

2．片外 RAM

当 MCS-51 系统的片内 RAM 不能满足要求时，可以扩展片外 RAM。片外 RAM 的最大扩展空间为 64KB，I/O 接口器件的端口地址也包含在这个空间里。

当片外扩展的 RAM 容量超过 256 字节时，要使用 P0 口分时作为低 8 位地址线和双向数据总线，用 P2 口传送高 8 位地址信息。MCS-51 单片机扩展 8KB 片外 RAM 的硬件连接图如图 2-6 所示。

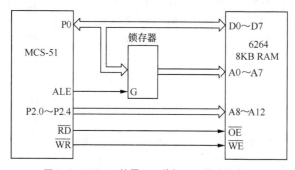

图 2-6　MCS-51 扩展 8KB 外部 RAM 的连接电路

在图 2-6 的情况下，MCS-51 单片机的 P0 口和 P2 口都作为系统总线使用，不能再作为通用 I/O 口。其中 P0 口既是系统的双向数据总线，又是低 8 位地址总线。必须注意，低 8 位地址和数据总线的分离是通过锁存器实现的，并且必须用单片机的 ALE 信号来控制锁存操作。系统的 16 位地址线由锁存器输出的低 8 位和 P2 口输出的高 8 位联合组成。图 2-6 中扩展了 8KB 的片外 RAM，因此只使用了 P2 口中的 5 条线，即 P2.0～P2.4，但是这时 P2 口剩余的 3 条线也不宜再作为 I/O 线使用。另外还可以看到，对片外 RAM 的读写操作要用到单片机的 $\overline{RD}$ 和 $\overline{WR}$ 控制信号。

2.3.3　特殊功能寄存器

特殊功能寄存器主要是指 MCS-51 片内的 I/O 口锁存器、定时/计数器、串行接口数据缓冲器以及各种控制寄存器（除 PC 外），它们离散地分布在片内 80H～FFH 的地址空间范围内。特殊功能寄存器反映了单片机的工作状态和工作方式，因此，它们是很重要的，必须熟练掌握。

特殊功能寄存器虽然占用了 128 字节的地址空间，但特殊功能寄存器只有 21 个，只占 21 个地址，其余单元为保留单元，是 Intel 公司为将来产品升级预留的单元，对于这些未定义的单元，用户不能使用。虽然这些特殊功能寄存器既有名称，又有地址，但是 CPU 对这些特殊功能寄存器只能采用直接寻址方式，即按字节地址访问的模式，因此在用汇编语言编程时，在指令中对这些特殊功能寄存器使用名称和使用地址的结果是一样的。

这些寄存器涉及对片上硬件资源的调度和控制，大体可分为两类：控制寄存器和常数寄存器。其中控制类的多数都能位操作，其地址的特点是能被 8 整除。特殊功能寄存器的地址如表 2-5 所示。

表 2-5　　　　　　　　　　　　　　特殊功能寄存器地址表

D7	位地址						D0	字节地址	SFR	寄存器名
P0.7	P0.6	P0.5	P0.4	P0.3	P0.2	P0.1	P0.0	80	P0*	P0 口 锁存器
87	86	85	84	83	82	81	80			
								81	SP	堆栈指针
								82	DPL	数据指针
								83	DPH	
SMOD								87	PCON	电源控制
TF1	TR1	TF0	TR0	IE1	IT1	IR0	IT0	88	TCON*	定时器控制
8F	8E	8D	8C	8B	8A	89	88			
GATE	C//T	M1	M0	GATE	C//T	M1	M0	89	TMOD	定时器方式
								8A	TL0	T0 低字节
								8B	TL1	T1 低字节
								8C	TH0	T0 高字节
								8D	TH1	T1 高字节
P1.7	P1.6	P1.5	P1.4	P1.3	P1.2	P1.1	P1.0	90	P1*	P1 口 锁存器
97	96	95	94	93	92	91	90			
SM0	SM1	SM2	REN	TB8	RB8	TI	RI	98	SCON*	串行口控制
9F	9E	9D	9C	9B	9A	99	98			
								99	SBUF	收发缓冲器
P2.7	P2.6	P2.5	P2.4	P2.3	P2.2	P2.1	P2.0	A0	P2*	P2 口 锁存器
A7	A6	A5	A4	A3	A2	A1	A0			
EA			ES	ET1	EX1	ET0	EX0	A8	IE*	中断允许
AF	—	—	AC	AB	AA	A9	A8			
P3.7	P3.6	P3.5	P3.4	P3.3	P3.2	P3.1	P3.0	B0	P3*	P3 口 锁存器
B7	B6	B5	B4	B3	B2	B1	B0			
			PS	PT1	PX1	PT0	PX0	B8	IP*	中断优先级
—	—	—	BC	BB	BA	B9	B8			
CY	AC	F0	RS1	RS0	OV	—	P	D0	PSW*	程序状态字
D7	D6	D5	D4	D3	D2	D1	D0			
E7	E6	E5	E4	E3	E2	E1	E0	E0	A*	A 累加器
F7	F6	F5	F4	F3	F2	F1	F0	F0	B*	B 寄存器

注 1：带*号的 SFR 既可以字节寻址也可以位寻址。

注 2：寄存器 B 的字节地址和最低位的位地址都是 F0，而程序状态字 PSW D5 位的 F0 是其位名称而非地址，两者并无冲突。

注 3：定时器方式控制寄存器 TMOD，虽然给出了各位的名称，但它是不可位寻址的。

注 4："—"表示该位无定义。

21 个特殊功能寄存器（SFR）按功能可以归纳如下。

与 CPU 有关的：ACC、B、PSW、SP、DPTR（DPH、DPL）。

与并行 I/O 口有关的：P0、P1、P2、P3。

与串口有关的：SCON、SBUF、PCON。

与定时/计数器有关的：TCON、TMOD、TH0、TL0、TH1、TL1。

与中断系统有关的：IP、IE。

此处要特别说明一下程序计数器 PC，它用于存放下一条将要执行指令的地址（PC 总是指向程序存储器地址），是一个 16 位专用寄存器，寻址范围为 64KB，PC 在物理结构上总是独立的，不属于特殊功能寄存器 SFR 块。

1．累加器 ACC

ACC 是一个最常用的专用寄存器，系统运转时工作最频繁，大部分单操作数指令的操作数取自累加器 A，很多双操作数指令的一个操作数取自 A；加、减、乘、除算术运算以及逻辑操作指令的结果都存放在累计器 A 或 A、B 寄存器对中；输入/输出大多数指令都以累加器 A 作为核心操作。

2．寄存器 B

寄存器 B 是 8 位的寄存器，一般用于乘、除法指令，与累加器配合使用，在其他指令中可作为暂存器使用。

3．程序状态字 PSW（0D0H）

PSW 是 8 位的专用寄存器，它的各位包含了程序执行后的状态信息，供程序查询或判别用。各位的含义及格式如表 2-6 所示。

表 2-6　程序状态字 PSW 各位的含义及格式

D7	D6	D5	D4	D3	D2	D1	D0	位地址
Cy	AC	F0	RS1	RS0	OV	-	P	位名称
进位位	半进位	用户标志	寄存器选择位		溢出标志	保留位	奇/偶位	位定义

注意，对于所有可位寻址的专用寄存器，其最低位的位地址与其字节地址相同。

Cy：进位/借位标志。在执行加法或减法运算时，如果运算结果最高位向前发生进位或借位，则 Cy 位被自动置位为 1，而不管此前该位的值是什么；如果运算结果最高位无进位或借位，则 Cy 清零，而不管此前该位的值是什么。Cy 的值总是反映最近一次加减法操作后的结果状态。Cy 也是进行位操作时的位累加器，简写为 C。

例如，若累加器的内容为 FFH，则指令 ADD　A，#1
使累加器中的内容变为 00H，同时 PSW 中的进位标志 C 被置 1。

AC：半进位标志或称辅助进位标志。当执行加法或减法操作时，如果低半字节（位 3）向高半字节（位 4）有进位或借位，则 AC 位被硬件自动置位为 1，否则清零。若执行的是 BCD 码加减法运算，低 4 位的值在 0AH～0FH 时，则辅助进位标志位（AC）被置 1。

例 2-1　执行下面的指令系列后，辅助进位标志的状态如何？这时累加器中的内容是什么？

        MOV   R5，#1

        MOV   A，#9

        ADD   A， R5

分析： 0 0 0 0 0 0 0 1 （R5=01H）

   +   0 0 0 0 1 0 0 1 （ACC=09H）

       0 0 0 0 1 0 1 0 （累加器中的结果 ACC=0AH）

虽然在二进制的加法执行过程中没有产生进位，但是结果的低 4 位是 1010B=0AH，大于十进制数 9（1001B），因此辅助进位标志被置 1。BCD 码调整指令"DA　A"也正是根据标志位是否等于 1 进行的。

    答案：AC=1，A=0AH

    F0：用户标志位。此位系统未占用，用户可以根据自己的需要对 F0 的用途进行定义。

    RS1 和 RS0：工作寄存器区选择位，前面已经介绍。

    OV：溢出标志位。当进行补码运算时，如果发生溢出，即表明运算结果超出了一字节补码能表达的数据范围−128～+127，此时 OV 由硬件置位为 1；若无溢出，则 OV 为 0。具体是否溢出的判断方法是，若最高位和次高位不同时向前进位，则发生溢出，否则无溢出。每当进行运算时进位位和溢出位都进行客观变化，不过，进行无符号数运算时关注进位位，进行补码运算时关注溢出位。

    PSW.1：保留位。单片机产品设计时有许多这类情况，凡是在某位置为短横线的情况，都是指该型号产品此位暂无定义。对无定义的位执行读操作会有不确定的结果，应避免。

    P：奇偶校验位。每条指令执行后，该位始终反映 A 累加器中 1 的个数的奇偶性。如果 A 中 1 的个数为奇数，则 P=1，反之 P=0。此功能可以用于校验串行通信中数据传送是否出错，称为奇偶校验。

    例 2-2   程序执行前 F0=0，RS1RS0=00B，请问机器执行如下程序后

        MOV A，#0FH

        ADD A，#F8H

PSW 中各位的状态是什么？

    解：上述加法指令执行时的人工算式如下。

          0 0 0 0 1 1 1 1 B

   +   1 1 1 1 1 0 0 0 B

     $\boxed{1}$ 0 0 0 0 0 1 1 1 B

式中，最高位进位 CP=1，次高位进位 CS=1，F0、RS1 和 RS0 由用户设定，加法指令也不会改变其状态；Cy 为 1；AC 为 1（因为加法过程中低 4 位向高 4 位有进位）；P 也为 1（因为运算结果中 1 的个数为 3，是奇数）；OV 的状态由如下关系确定。

$$OV=CP \oplus CS=1 \oplus 1=0$$

所以 PSW=C1H

    4．堆栈指针 SP（81H）

    堆栈指针 SP（stack pointer）是 8 位的专用寄存器，它可以指向单片机片内 RAM 00H～7FH 的任何单元，因此堆栈的最大理论深度是 128 字节。系统复位后，SP 的初始值为 07H。

堆栈概念：堆栈是一类特殊区域，它遵从"后进先出"的法则，这种结构对于处理中断和子程序调用都非常方便。MCS-51 单片机的堆栈是向上生成的，在使用前应先对指针赋初始值。所谓向上生成，是指随着数据字节进入堆栈，堆栈的地址指针不断增大。堆栈操作有压栈和出栈两种。压栈时，指针先加 1，再把数据字节压入；出栈时，次序相反，是先弹出数据内容，指针再减 1。

影响堆栈的情况有以下几种。

（1）使用压栈和弹栈指令，分别是 PUSH 和 POP，每次操作一字节。

（2）当响应中断请求时，下一条要执行的指令代码地址自动压入堆栈，共 2 字节；且当中断返回时，自动将所压入的 2 字节弹出堆栈回送给程序计数器 PC。这个过程是系统自动完成的，无须程序干预。

（3）当调用子程序时，调用指令之后的下一条指令地址自动进栈，共 2 字节；当子程序返回时，该 2 字节自动弹出。

堆栈的作用如下。

用压栈和弹栈指令进行快速现场保护和恢复。

在中断和调用子程序时自动保护和恢复断点。

利用堆栈传递参数。

通常堆栈由如下指令设定。

MOV　SP，#data　　　　;SP←data

若把指令中的 data 用 70H 代替，则机器执行这条指令后就设定了堆栈的栈底地址 70H。此时，堆栈中尚未压入数据，即堆栈是空的，故 SP 中的 70H 地址就是堆栈的栈顶地址，如图 2-7（a）所示。堆栈中的数据是由 PUSH 指令压入和 POP 指令弹出的，PUSH 指令能使SP 中的内容加 1，POP 指令则使 SP 减 1。例如，如下程序可以把 X 压入堆栈。

MOV　A，#X　　;A←X

PUSH　ACC　　　　;SP←SP+1，（SP）←ACC

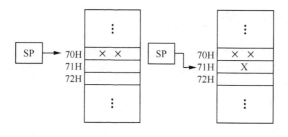

（a）没有压数时的堆栈　　　（b）压入一个数时的堆栈

图 2-7　堆栈示意图

5. 数据地址指针 DPTR（83H、82H，高字节在前）

数据地址指针 DPTR（data pointer）是一个 16 位的专用寄存器，由两个 8 位寄存器 DPH和 DPL 组成，其中，DPH 为 DPTR 的高 8 位，DPL 为 DPTR 的低 8 位。DPTR 可以作为一个 16 位寄存器使用，也可以按高低字节分别操作。DPTR 可以用来存放片内 ROM 的地址，也可以用来存放片外 RAM 的地址。此外 DPTR 还可以作为查表操作时的基地址。

例如，设片外 RAM 的 2000H 单元中有一个数 X，若要把它存入累加器 A 中，则可采用如下程序。

```
MOV    DPTR，#2000H    ;DPTR←2000H
MOVX   A，@DPTR        ;A←X
```

第一条指令执行后，机器自动把 2000H 装入 DPTR，第二条指令执行时，机器自动把 DPTR 中的 2000H 作为外部 RAM 的地址，并根据这个地址把 X 存入累加器 A 中。

6. 并行 I/O 口锁存器 P0-P3（80H，90H，A0H，B0H）

P0～P3 是 4 个专用寄存器，分别是 4 个并行 I/O 口的口锁存器。它们都有字节地址和位地址，并且每条 I/O 口线都可独立定义为输入或者输出。输出具有锁存功能，输入具有缓冲功能，下会会详细介绍。

2.4 单片机的并行 I/O 接口

MCS-51 单片机有 4 个 8 位并行 I/O 口，分别称为 P0、P1、P2、P3，共有 32 条 I/O 口线，每条 I/O 线都可以独立定义为输出或输入。每个端口都包括一个输出锁存器（即专用寄存器 Pi）、一个输出驱动器和一个输入缓冲器。这 4 个 I/O 口既有相似的特征，也有功能和结构上的区别。

MCS-51 单片机输出时，是对口锁存器执行写操作，数据通过内部总线写入口锁存器，并通过输出级反应在外部引脚上。而读操作时有两种情况，分别叫作读锁存器和读引脚。各 I/O 口每位的结构中，都有两个输入缓冲器，分别可将锁存器输出和外部引脚状态读回到 CPU 中。一般情况下，锁存器输出端和外部引脚的状态应一致。但在一些特定情况下两者可能不一致，设置读锁存器功能就是为了防止出现误读的现象。

这 4 个 I/O 口都称为准双向 I/O 口。所谓准双向，是指输入输出状态间的切换是有附加条件的，具体为：当从输出改为输入时，要先向口写 1。

2.4.1 P0 口的结构及功能

P0 口一个位的结构如图 2-8 所示。它由一个输出锁存器、2 个三态输入缓冲器、输出驱动电路和控制电路组成。图中 1 和 2 是缓冲器，3 是逻辑非门，4 是逻辑与门。

1. P0 作为通用 I/O 口

当 MCS-51 单片机系统无外部并行存储器时，不执行 MOVX 类指令，即不需要外部地址数据总线。这时由硬件自动使控制线 C=0，封锁与门 4，使场效应管 T1 截止。在无地址/数据信息输出的情况下，多路开关拨向图 2-8 所示的位置，它把锁存器反向输出端与输出级 T2 连通。

输出时，数据从内部总线经锁存器 D 输入端进入，从反向端 $\overline{Q}$ 输出，再经过输出级的 2 次反向，在外部引脚上得到正确的输出逻辑电平。注意此时输出处于漏极开路状态，对于这种情况下的应用，通常要在引脚外部加接 10kΩ左右的上拉电阻。

输入时，通过读引脚指令打开缓冲器 2，使外部引脚的状态经缓冲器进入内部总线到 CPU。若为读锁存器操作，则锁存器输出内容直接经缓冲器 1 读回。必须注意，如果某个口线为双向应用的，即时而输出，时而输入，则当从输出改为输入时，必须先向口写 1，然后进行输入操作。这是因为如果此前的输出数据为 0，则输出级处于导通状态，该引脚被强制钳位为低电平，它能把外设高电平信号强行拉低。为了避免读错信息，需要在输入前先向口写 1，关断输出级，使引脚处于高阻输入状态。

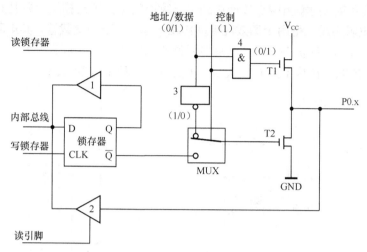

图 2-8　P0 口的位结构

读锁存器的操作也叫做"读—修改—写"操作，它是以口为目的的逻辑操作。这种指令直接读锁存器而不是读端口引脚，可以避免读错引脚上的电平信号。例如，用一根 I/O 线驱动一个晶体管的基极，当向此口线输出 1 时，三极管导通并把引脚上的电平拉低。这时如果CPU 读取引脚上的信息，就会把数据误读为 0；而如果从锁存器读取，就能获得正确的结果。

2. P0 作为地址/数据总线

当 MCS-51 单片机需要外部扩展存储器或者并行 I/O 接口器件时，系统必须提供地址和数据总线。CPU 对片外存储器进行读/写操作（执行 MOV X 指令或进行片外取指令）时，由内部硬件自动使控制线 C=1，使与门 4 解锁，开关 MUX 拨向反相器 3 输出端。这时，外部引脚（经输出级 T2）与锁存器反向输出端/Q 断开，而与地址/数据输出端连通。在这种情况下，P0 口不再是 I/O 口，而是系统的分时复用地址/数据总线。

输出低 8 位地址/数据信息：MUX 开关把 CPU 内部地址/数据线输出的内容经反相器 3 与输出驱动场效应管 T2 的栅极接通。输出信息经反相器 3 和输出级 T2 的再次反向，使正确的信息出现在引脚上。P0 口作为总线应用时，T1 和 T2 构成推挽式输出驱动，无需外部上拉电阻，且驱动能力很强。

输入 8 位数据：这种情况是在读引脚信号有效时打开输入缓冲器 2，使外部数据进入内部总线。

P0 口既可做一般的 I/O 口，又可作为地址/数据总线。不同应用情况下的硬件构成不同，因此呈现出不同的特点：做 I/O 输出时，输出级是开漏电路，必须外接 10kΩ 上拉电阻；做 I/O 输入时，必须先向口写 1，使 T2 截止形成高阻输入状态才能正确读取输入电平。当 P0 口作为地址/数据总线使用时是推挽输出、高阻输入的，无需外接上拉电阻。当 P0 口作为总线使用时，就不能再作为 I/O 口使用。

2.4.2　P1 口的结构及功能

P1 口是一个准双向通用 I/O 口，其一个位的结构如图 2-9 所示。与 P0 口比较，P1 口无切换开关，其锁存器反向输出端直接连接到输出级场效应管 T 的栅极，并且具有内部上拉电阻 R*。该上拉电阻实质上是两个场效应管并接在一起：一个为负载管，其电阻固定；另一个可工作在导通和截止两种状态下，使其总电阻值变化近似为 0 或阻值很大。这可以改善动态响应，使引脚上的电平在从 1 到 0 或从 0 到 1 的变化过程中速度很快。

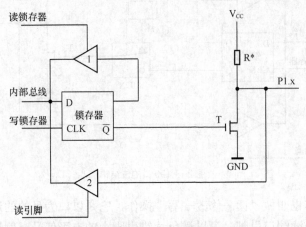

图 2-9　P1 口一个位的结构

在 P1 口中，每个位都可以独立定义为输入线或输出线。输出 1 时，将 1 写入口锁存器，锁存器的反向输出为 0，使输出级场效应管截止，引脚上输出为高电平逻辑。输出 0 时，输出级场效应管导通，输出引脚为低电平。当进行输入操作时，也必须先向口写 1，使输出场效应管截止，实现高阻输入。CPU 读取 P1 引脚状态时，其实就是读取外部引脚上的信息。外部引脚电平状态经输入缓冲器 2 进入 CPU。

2.4.3　P2 口的结构及功能

P2 口也是一个准双向口，其中一个位的结构如图 2-10 所示。

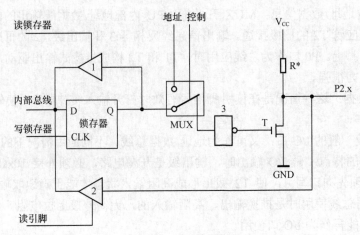

图 2-10　P2 口的位结构

P2 口与 P0 口和 P1 有相似的部分，但又不尽相同。P2 口既可以作为通用 I/O 口，也可以作为高 8 位地址总线，因此它也有一个切换开关。当 CPU 对片外存储器和 I/O 口进行读写操作时，开关倒向地址线端，这时 P2 口是地址总线，只输出高 8 位地址；当不执行 MOVX 指令，也不从外部 ROM 中读取指令时，开关倒向锁存器的 Q 输出端，这时 P2 口可作为通用 I/O 口。在同一个系统中，P2 口只能定义为 I/O 口或者地址总线，不能二者兼得。

当 P2 口作为高 8 位地址总线使用时，是整个端口一起定义的，这时即使 8 条地址线没有用完，剩余的口线也不宜再作为 I/O 口线使用。

应注意 P2 口锁存器是从 Q 端输出的，为了逻辑的配合，在输出级到栅极控制端之间加了一个反向器。P2 口也是带有内部上拉电阻的。

在单片机应用系统设计中，若片内程序存储器空间满足需要，且片外数据存储器容量不超过 256 字节，则不需要高 8 位地址总线，这时就可以把 P2 口作为通用 I/O 口来使用。

2.4.4　P3 口的结构及功能

P3 口是一个多功能口，其位结构如图 2-11 所示。P3 口的结构比前 3 个口显得复杂。它多出的与非门 3 和缓冲器 4 使得本口除了具有通用 I/O 口功能外，还可以使用各引脚所具备的第二功能。与非门 3 是一个开关，输出时，它决定是输出锁存器 Q 端数据，还是第二功能信号。如图 2-10 所示，当 W=1 时，输出 Q 端信号；当 Q=1 时，输出 W 线（即第二功能）信号。编程应用时，可不必考虑 P3 口某位应用于何种功能。当 CPU 对 P3 口进行专用寄存器寻址（字节或位）时，由内部硬件自动将第二功能输出线 W 置 1，这时 P3 口（或对应的口线）是通用 I/O 口（或 I/O 线）。当 CPU 不对 P3 口进行 SFR 寻址访问时，即用作第二功能时，由内部硬件自动对锁存器 Q 端置 1。

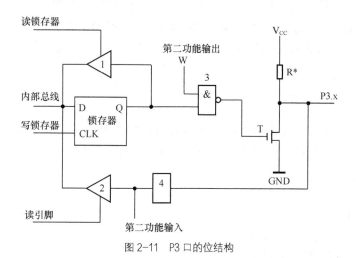

图 2-11　P3 口的位结构

1. P3 口用作通用 I/O 口

P3 口用作通用 I/O 口的工作原理与 P1 口类似。当把 P3 口作为通用 I/O 口进行输出操作时，"第二输出功能" W 端保持高电平，与非门 3 的输出由锁存器输出状态决定。因此，锁存器输出端 Q 的状态可通过与非门（此时是一个反向器）送至输出级 T 并输出到引脚。

输入时，应先向口写 1，使场效应管 T 截止，可作为高阻输入。当 CPU 读引脚时，"读引脚"控制信号有效，引脚信息经缓冲器 4（常通）、缓冲器 2 送到 CPU。

2．P3 口用作第二功能

P3 口的第二功能是各口线单独定义的，且其输入或输出方向明确，如表 2-7 所示。

表 2-7 P3 口各口线与第二功能表

I/O 口	替代的第二功能
P3.0	RXD（串行口接收输入）
P3.1	TXD（串行口发送输出）
P3.2	$\overline{INT}0$（外部中断 0 输入）
P3.3	$\overline{INT}1$（外部中断 1 输入）
P3.4	T0（定时器 0 的外部脉冲输入）
P3.5	T1（定时器 1 的外部脉冲输入）
P3.6	$\overline{RD}$（片外 RAM 写信号输出）
P3.7	$\overline{WR}$（片外 RAM 读信号输出）

当某位被用作第二功能时，该位的锁存器 Q 端输出被内部硬件自动置为 1，使与非门 3 的输出只受"第二输出功能" W 端的控制。由表 2-7 可知，在第二功能情况下，数据方向为输出的有 TXD、$\overline{WR}$ 和 $\overline{RD}$ 3 个引脚，其他 5 个是输入的。输出时，引脚上出现的是第二输出功能的数据状态。第二功能输入时，W 线和锁存器 D 端均为 1，所以输出级场效应管 T 截止，该位引脚为高阻输入状态。对于第二功能为输入的 RXD、$\overline{INT}0$、$\overline{INT}1$、T0 和 T1，执行其功能时读引脚信号无效，缓冲器 2 不开通。此时，第二功能输入信号经缓冲器 4 送入第二功能输入端。

2.4.5 I/O 口的相关事项

I/O 口是一类重要的硬件资源，MCS-51 单片机的 I/O 口数量较多，功能强劲，且各口既相似又不同。使用时应熟知各口的特点，充分发挥各自的长处。

1．各 I/O 口的共同特征

都是准双向 I/O 口。
都同时支持字节操作和位操作。
都具有输出锁存、输入缓冲的功能。
都有读引脚和读锁存器（读—修改—写）功能。
从输出改为输入时，都要先向口写 1。

2．各 I/O 口的特点

各 I/O 口的特点如表 2-8 所示。

表 2-8   MCS-51 单片机各口特点

I/O 口	主要特点
P0	兼有 I/O 口和地址/数据总线功能，做 I/O 时是开漏输出
P1	通用 I/O 口
P2	兼有 I/O 口和高 8 位地址总线功能
P3	兼有 I/O 口和第二功能

3. 各 I/O 口的负载能力和接口要求

P0 口的输出级与其他口的结构不同，因此它们的负载能力和接口要求也各不相同。

（1）P0 口的特殊性在于做 I/O 时是开漏输出的，内部无上拉电阻。因此做 I/O 口使用时，通常要外接 10kΩ 的上拉电阻。当 P0 用作地址/数据总线时，则无需外接上拉电阻。P0 口的每一位输出都可驱动 8 个 TTL 负载，它是各口中驱动能力最强的。

（2）P1～P3 口的输出级皆有内部上拉电阻，它们的每一位输出可驱动 4 个 TTL 负载。内部上拉电阻的阻值为 40～100kΩ。通常不必再外接上拉电阻，但若为了增加驱动能力，也可以设置 10kΩ 的外接上拉。

MCS-51 的 I/O 端口只能提供几毫安的电流（通常为 3～5mA），如果要驱动大电流负载，就需要额外设计驱动电路。在驱动普通三极管的基极时，应在端口与三极管基极间串联一个电阻，以限制高电平输出时的电流。

4. I/O 口与总线口的区别

理论上，I/O 口与总线口完全不同，但由于 MCS-51 单片机硬件设计上使 P0 口和 P2 口既能做通用 I/O 口，又能做总线，容易产生混淆。两者的区别如表 2-9 所示。

表 2-9   I/O 口与总线口的区别

项目	I/O 口	总线口
用途	连接输入输出设备	连接存储器和并行 I/O 口
速度	可控	微秒级，不可控
稳态	有	有
定义	可单根线定义	必须整口操作

2.5 单片机时钟电路与 CPU 时序

MCS-51 系列单片机的定时器控制功能是由片内的时钟电路和振荡电路完成的，而根据硬件电路的不同，片内时钟的产生有两种方式：外部时钟方式和内部时钟方式。

单片机内部有一个反向放大器，XTAL1、XTAL2 分别为反向放大器的输入端和输出端，通过外部输入时钟（外部时钟方式）或外接定时反馈原件组成振荡器（内部时钟方式），产生时钟信号送至单片机内部的各个部件。时钟频率越高，单片机控制器的控制节拍越快，运算速度也就越快。

2.5.1 时钟信号

1. 外部时钟方式

图 2-12 所示为单片机外接时钟信号。采用外部时钟方式时，单片机使用外部振荡器，其时钟直接由外部时钟信号源提供。这种方式常用于由多片单片机构成的系统，为了保证各单片机之间时钟信号的同步，引用同一外部时钟信号。单片机采用的半导体工艺不同，外部时钟信号的接入方式也不同。

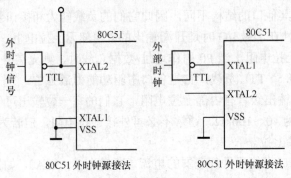

图 2-12 单片机外接时钟信号接法

2. 内部时钟方式

采用内部时钟方式时，在 XTAL1 和 XTAL2 引脚之间外接振荡器，构成一个自激振荡器，自激振荡器与单片机内部的时钟发生器构成单片机的时钟电路，如图 2-13 所示。其中，由振荡器 OSC（石英晶体）和电容 C1 和 C2 构成了并联谐振回路作为定时元件，振荡器 OSC 可选用晶体振荡器或陶瓷振荡器，频率为 1.2～12MHz。电容 C1、C2 为 5～30pF，作用一是帮助振荡器起振，二是对振荡器的频率起微调作用，典型值为 30pF。上电后延迟一段时间（约 10ms），振荡器起振产生时钟，时钟不受软件控制。目前有的 8051 单片机的时钟频率可以达到 40MHz，但是当单片机工作在较高频率时，时钟电路的设计要参考芯片使用手册。

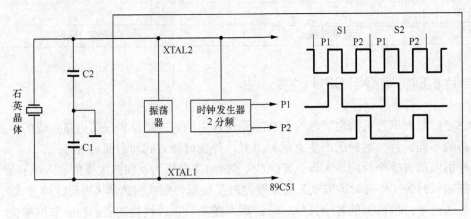

图 2-13 MCS-51 单片机的片内振荡器和时钟发生器

在单片机应用系统中，常选用石英晶体振荡器作为外接振荡源，简称晶振。晶振的频率越高，单片机系统的时钟频率越高，单片机的运行速度越快，对存储器的存取速度和印制电路板的工艺要求也越高，即要求线间的寄生电容要小。另外，晶振和电容也应尽可能靠近单片机芯片安装，以减少寄生电容，更好地保证振荡器的稳定性和可靠性。

（1）时钟周期和状态周期

时钟周期也称为振荡周期，即振荡器的振荡频率 f_{osc} 的倒数。

一个状态周期含两个节拍 P1 和 P2，每个节拍持续一个时钟周期。它控制计算机的工作节奏。

（2）机器周期

一个机器周期是指 CPU 访问存储器一次所需要的时间，如取指令、读写存储器等。MCS-51 单片机的机器周期长度是固定的，为 12 个振荡周期，或 6 个状态周期。机器周期的长度仅与振荡晶体的固有频率有关，若振荡晶体为 12MHz，则机器周期恰好为 1μs。

（3）指令周期

单片机执行一条指令所需要的时间或机器周期数，视指令的复杂程度而不同，分别可能是 1 周期、2 周期或 4 周期。单片机的汇编语言指令，多数是单周期或双周期指令，只有乘除法是 4 周期的。

指令的执行速度与它所需的机器周期数有直接关系，机器周期数少，当然执行速度快。在编程时，应注意优化程序结构和优选指令，尽量选用能完成同样功能而机器周期数少的指令。

（4）各种周期的关系

归纳起来，MCS-51 单片机的定时单位从小到大依次如下。

振荡周期：由振荡晶体决定，是最小时间单位。

状态周期：由两个振荡周期组成，称为一个 S 状态。

机器周期：固定由 12 个振荡周期或 6 个状态周期组成，可执行一次基本操作。

指令周期：执行一条指令所需的时间，可能需要 1～4 个机器周期。

设单片机振荡晶体为 12MHz，则各周期数值分别如下。

振荡周期=$1/f_{osc}$=1/ 12MHz= 0.083μs

状态周期=振荡周期*2=0.167μs

机器周期=$12/f_{osc}$=12/12M=1μs

指令周期=（1～4）机器周期=（1～4）μs

MCS-51 单片机各种周期之间的关系如图 2-14 所示。

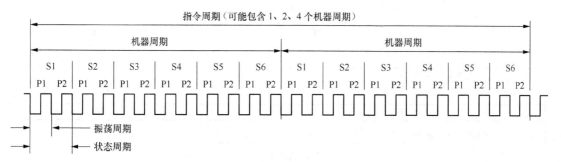

图 2-14　MCS-51 单片机各种周期的相互关系

2.5.2 CPU 时序

每条指令的执行都包括取指和执行两个阶段。CPU 先从内部或外部程序存储器中取出指令，然后再执行。MCS-51 单片机的每个机器周期中包含 6 个 S 状态，每个状态划分为 2 个节拍。根据各种指令的复杂程度，每条指令形成的代码可有单字节、双字节或 3 字节。从执行速度上，有单周期、双周期甚至四周期指令。指令的字节数和执行的周期数之间没有必然联系，单字节和双字节指令都可能是单周期或双周期，而 3 字节指令一定是双周期，只有乘除法指令是 4 个周期。

所谓时序，是研究某种操作有哪些控制和数据信号参与，这些信号动作的先后次序如何，以及信号是电平有效，还是跳变边沿发生作用。在查看时序图时应注意纵向观察，了解各信号的配合关系。研究时序能更好地掌握单片机的工作原理，这种技能也对今后学习其他单片机或接口电路有重要意义。

几种指令的取指和执行的时序如图 2-15 所示。最顶行为振荡器波形，它可以作为基本的时序参考，图中画出了 2 个机器周期的情况。一般情况下，在每个机器周期中，ALE 信号两次有效，第一次出现在 S1P2 和 S2P1 期间，第二次出现在 S4P2 和 P5P1 期间。ALE 是地址锁存允许信号，有效时刻发生在下跳沿。

单周期指令的执行始于 S1P2，这时操作码被锁存到指令寄存器内，若是双字节指令，则在同一机器周期的 S4 读取第二字节。若是单字节指令，则在 S4 仍有取指操作，但读入的内容被忽略，且程序计数器不加 1。图 2-15（a）（b）分别为单字节单周期和双字节单周期指令的时序，两种指令都能在一个机器周期结尾处，即 S6P2 时刻完成操作。

图 2-15（c）是单字节双周期指令的时序，两个机器周期内执行了 4 次读操作码的操作，因为是单字节指令，所以后 3 次读操作都是无效的。

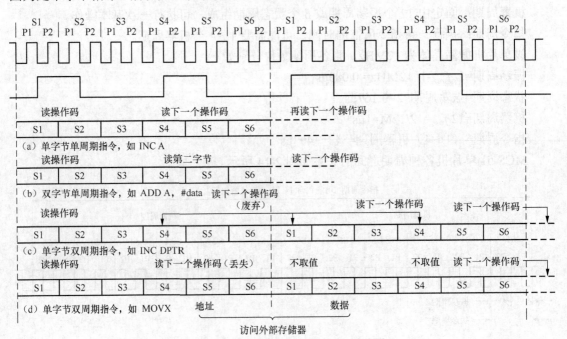

图 2-15 MCS-51 单片机的取指/执行操作时序

图 2-15（d）为访问片外 RAM 的 MOVX 型指令的时序，它也是一条单字节双周期指令，在第一个机器周期 S5 开始送出片外 RAM 地址后，进行读/写操作。读写期间在 ALE 端不输出有效信号，第二机器周期期间也不发生取指操作。图 2-15（d）所示包含对片外 RAM 的读或写两种操作情况。

算术逻辑运算操作一般发生在节拍 1 期间，内部寄存器对寄存器的传送操作一般发生在节拍 2 期间。

2.5.3　8031 对片外存储器的连接与访问过程

8031 片内无程序存储器，片内 RAM 也只有 128 字节，这么小的存储器容量常常限制了它的应用领域。为了扩大单片机存储容量，MCS-51 可以外接片外存储器。为了便于说明问题，给出如图 2-16 所示的 8031 对片外 RAM 和 ROM 的一种连接图。

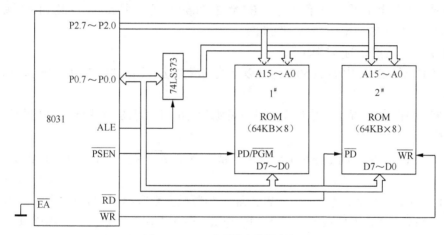

图 2-16　8031 和片外存储器连接图

图中 1# 和 2# 芯片的存储容量均为 64KB，即 1# 芯片可以存放 65 536 个二进制 8 位程序代码，2# 芯片也可以存放 65 536 个二进制 8 位实时数据。因此 1# 和 2# 芯片各有 16 位地址线和 8 位数据线。其中，16 位地址中高 8 位 15～A8 分别与 P2.7～P2.0 相接，低 8 位 A7～A0 与 P0 口通过 74 LS 373 相接。$PD/\overline{PGM}$、$\overline{RD}$ 和 $\overline{WR}$ 均为 1# 和 2# 芯片的控制端，控制信号由 8031 送来。若 $PD/\overline{PGM}$ 线上为高电平 1，则 1# 芯片被封锁工作；若 $PD/\overline{PGM}$ 线上为低电平 0，则 CPU 可对 1# 进行读操作。若 $\overline{RD}$ 和 $\overline{WR}$ 线上皆为高电平 1，则 2# 芯片被封锁工作；若 $\overline{RD}$=0 且 $\overline{WR}$=1，则 CPU 可对 2# 芯片进行读操作；$\overline{RD}$=1 且 $\overline{WR}$=0，则 CPU 可对 2# 芯片进行写操作。

为了分析 8031 对片外 ROM 和 RAM 的读写原理，现在假设 8031 在 DPTR 中已经存放了一个地址 2050H。

1. 8031 对片外 ROM 的读操作

如果片外 ROM 的 2050 单元中有一个常数 X 且累加器 A 中为 0，现欲把 X 读出来并送入 CPU 的累加器 A，则指令为：

MOVC　A，@A+DPTR ;A←（A+DPTR）=X

8031 执行上述指令的具体操作步骤如下。

（1）8031 的 CPU 先把累加器 A 中的 0 和 DPTR 中的 2050H 相加后送回 DPTR，然后把 DPH 中的 20H 送到 P2.7～P2.0 上，把 DPL 中的 50H 送到 P0.7～P0.0。

（2）一旦 P0 口上的片外存储器低 8 位地址 50H 稳定，8031 在 ALE 线上发出正脉冲的下降沿，就能把 50H 锁存到地址锁存器 74LS373 中。

（3）由于 CPU 执行的是 MOVC 指令，故 8031 自动使 $\overline{PSEN}$ 变为低电平以及 $\overline{RD}$ 和 $\overline{WR}$ 保持高电平，以至于 CPU 可对 1# 芯片进行读操作，且 2# 芯片被封锁。

（4）1# 芯片按照 CPU 送来的 2050H 地址，从中读出 X 被送到 8031 的 P0 口，8031CPU 打开 P0 口的输入门后，再把它送到累加器 A。

2. 8031 对片外 RAM 的写操作

如果要把累加器 A 中的 X 存入片外 RAM 的 2050 单元，那么可以采用如下指令。

MOVX　@DPTR，A 　　;X→2050H

8031 执行上述指令的步骤如下。

（1）8031 把 DPTR 中的 2050H 地址以上述同样方法分别送到 P2 口和 P0 口的地址引脚线上。

（2）8031 在 ALE 线上产生的正脉冲下降沿使 P0 口的低 8 位片外 RAM 的地址锁存到 74LS373 中。

（3）由于 CPU 执行的是 MOVX 指令，故它使 $\overline{PSEN}$ 保持高电平 1，封锁了 1# 芯片的工作。

（4）由于 CPU 执行上述指令时，累加器 A 为源操作数寄存器（A 在逗号右边），故 8031 发出 $\overline{WR}$ =0 和 $\overline{RD}$ =1，并完成累加器 A 中的数 X 经 P0 口存入 2# 芯片的 2050H 单元。

8031 对片外 RAM 某存储单元的读操作与此类似，在此不再赘述。

2.5.4　复位电路

1. 复位的意义和功能

MCS-51 单片机与其他微处理器一样，在启动时都需要复位，使 CPU 及系统各部件处于确定的初始状态，并从这个初始状态开始运行。单片机的复位信号来自外部，从 RST 引脚进入芯片内的施密特触发器中。系统正常工作期间，如果 RST 引脚上有一个高电平并维持 2 个机器周期以上，则可引起 CPU 复位。

复位引起 CPU 初始化的主要功能是把程序计数器 PC 的值初始化为 0000H，以便复位结束后从这个地址开始取指令。CPU 从冷态接电的启动复位常称为冷启动或上电复位。相应地，如果 CPU 在运行期间由于程序运行出错等原因造成系统死机，也可以通过复位使之激活，此称为热启动。手动复位属于热启动方式。

复位后，片内寄存器的状态如表 2-10 所示。

表 2-10　　　　　　　　　　　　复位后片内寄存器的状态

寄存器	内容	寄存器	内容
PC	0000H	TMOD	00H
ACC	00H	TCON	00H
B	00H	TH0	00H
PSW	00H	TL0	00H
SP	07H	TH1	00H
DPTR	0000H	TL1	00H
P0～P3	0FFH	SCON	00H
IP	XXX00000	SBUF	不定
IE	0XX00000	PCON	0XXX0000

片内 RAM：不受复位影响。

对于片内 RAM 在复位后的情况需要特别留意。由于复位不影响内部 RAM，所以 RAM 中的内容要根据情况判定。如果是冷启动，则 RAM 中各单元是随机数；如果是热启动，则 RAM 中的内容不变，维持复位前的数据。这个特点可以用来判断复位源。

熟知 SFR 的初始状态对编程很重要，而 I/O 口复位后为高电平的特征也必须在硬件设计时充分注意到。

2．复位信号和复位电路

RST 引脚是复位信号输入端。复位信号是高电平有效的，其持续时间必须维持 2 个机器周期以上。若使用 12MHz 晶体，则复位信号高电平时间只有超过 2μs，才能完成复位操作。

复位操作有两种方式：上电自动复位和按键手动复位。

（1）上电自动复位

上电自动复位是在施加电源瞬间通过 RC 电路实现的，如图 2-17（a）所示。在通电瞬间，电源通过电容 C 和电阻 R 回路对电容充电，向内部复位电路提供一个正脉冲引起单片机复位。

（2）手动复位

手动复位是指单片机在运行期间通过手动按钮使 CPU 强行复位，再从头开始运行。图 2-17（b）为上电复位与手动复位结合的情况。

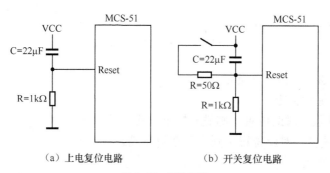

图 2-17　复位电路

2.6 空闲和掉电方式

MCS-51 单片机有两种制造工艺，一种是 HMOS 工艺，即高密度短沟道工艺；另一种是 CHMOS 工艺，即互补金属氧化物的 MOS 工艺。后者是 COMS 和 HOMS 的结合，除了保持 HOMS 的高速、高密度特点之外，还具有 COMS 的低功耗特点。

采用 CHMOS 工艺的单片机，不仅运行功耗低，而且还提供两种节电工作模式，即空闲方式（idle）和掉电方式（power down），以便进一步降低功率消耗。CHMOS 型单片机正常运行时消耗电流为 11～20mA，在空闲方式下为 1.7～5mA，而在掉电方式下更降低为 5～50μA。

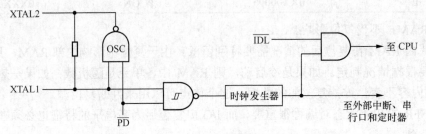

图 2-18 空闲和掉电方式

图 2-18 所示为实现这两种节电方式的内部电路。可见，如果 $\overline{IDL}=0$，则单片机进入空闲运行方式。$\overline{PD}=0$，进入掉电运行方式。$\overline{PD}$ 和 $\overline{IDL}$ 是专用寄存器 PCON 中的控制位 PD 和 IDL 的反向输出端。

2.6.1 方式设定

MCS-51 单片机的 SFR 中有一个电源控制器 PCON，其中低 2 位用于设置掉电和空闲方式。

MCS-51 单片机的电源控制寄存器的各位如图 2-19 所示。HMOS 器件的 PCON 中只有最高位 SMOD 有意义，而 CHMOS 器件增加了后面 4 位。各位的功能如下。

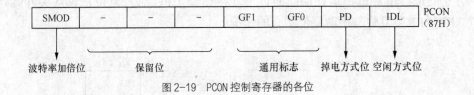

图 2-19 PCON 控制寄存器的各位

SMOD：串行通信波特率加倍位。

GF1 和 GF0：通用标志。

PD：掉电方式位。对此位置 1 则进入掉电方式。

IDL：空闲方式位。对此位置 1 则进入空闲方式。

需要注意以下事项。

CPU 复位时，PCON=00H。

若 PD 和 IDL 同为 1，则 PD 优先。

PCON 是不可位寻址的，必须按字节操作。

2.6.2　空闲工作方式概述

如图 2-18 所示，当 CPU 执行一条 IDL=1 指令后，单片机就进入空闲方式。空闲方式也称为等待方式或待机方式。在这种情况下，内部时钟不提供给 CPU，只供给中断环节。由于系统电源存在，所以，虽然 CPU 不再执行程序，但是可保持内部现行状态。这包括堆栈指针、程序计数器 PC、程序状态字 PSW、累加器 A、内部 RAM 等的内容都保持不变，也维持 I/O口的当前状态。在此期间，ALE 和/PSEN 信号维持高电平。

进入空闲方式后，有两种退出方法：一是当任何中断请求被响应都可以由硬件将 IDL 位清零，从而结束空闲方式。中断服务程序执行完毕返回时，返回点应是当时进入空闲方式设置语句 IDL=0 的下一条指令。

另一种退出方式是硬件复位。在空闲方式下，振荡器仍在运行，所以硬件复位只需要 2个机器周期就能完成。来自 RST 引脚上的复位信号直接将 PCON 字节清零，从而退出空闲状态，CPU 从 0000H 开始执行指令。

通常，如果 CPU 可运行于间歇方式，定时地或者在外部随机事件发生时才简短操作，则可使用空闲方式。这能够大量节省能源，特别适用于用电池供电的情况。

2.6.3　掉电方式概述

当 CPU 执行一条 PD=1 指令后，系统就进入掉电运行方式。此时，内部振荡器停止工作，CPU 不运行程序，其他部件也停止工作，但维持 SFR 和内部 RAM 的内容。ALE 和 $\overline{PSEN}$ 信号都为低电平。

只有硬件复位的方法能使系统退出掉电方式。复位后，SFR 的内容将被重新初始化，但内部 RAM 的内容维持不变。

掉电方式适用于间歇运行且停顿时间较长的便携式仪器，可由人工按键的方式在运行和掉电方式之间来回切换。

习题

1．MCS-51 单片机内部包含哪些主要逻辑功能部件？

2．MCS-51 单片机的 $\overline{EA}$ 引脚有何功能？信号为何种电平？

3．MCS-51 单片机的 ALE 引脚有何功能？信号波形是什么？

4．MCS-51 单片机的存储器分为哪几个空间？如何区分不同空间的寻址？

5．简述 MCS-51 单片机片内 RAM 的空间分配。内部 RAM 低 128 字节分为哪几个主要部分？各部分的主要功能是什么？

6．简述 MCS-51 单片机布尔处理器存储空间分配。片内 RAM 包含哪些可以位寻址的单元？位地址 7DH 与字节地址 7DH 如何区别？位地址 7DH 具体在片内 RAM 中的什么位置？

7．MCS-51 单片机的程序状态寄存器 PSW 的作用是什么？常用标志有哪些位？作用是什么？

8．MCS-51 单片机复位后，CPU 使用哪组工作寄存器？它们的地址是什么？用户如何改变当前的工作寄存器组？

9．什么叫堆栈？堆栈指针 SP 的作用是什么？

10．PC 与 DPTR 各有哪些特点？有何异同？

11．读端口锁存器和"读引脚"有何不同？各使用哪些指令？

12．MCS-51 单片机的 P0～P3 口的结构有何不同？用作通用 I/O 口输入数据时应注意什么？

13．P0 口用作通用 I/O 口输出数据时应注意什么？

14．什么叫时钟周期？什么叫机器周期？什么叫指令周期？

15．MCS-51 单片机常用的复位电路有哪些？复位后机器的初始状态如何？

16．MCS-51 单片机有哪几种低功耗工作方式？如何实现，又如何退出？

第3章 MCS-51单片机指令及编程实例

指令是指示计算机执行某种操作的命令，告诉计算机从事某一特殊运算的代码。MCS-51系列单片机程序可用两种语言编写：汇编语言及C51。由于汇编语言编制的程序运行效率高，故在专业人员中仍得到广泛的应用。

由于任何处理器都只能识别由0与1构成的机器代码（机器语言），因此无论使用哪一种语言编写，最终都要翻译成机器代码。汇编语言写成的程序是一个文本文件，称为汇编语言源程序。在执行之前要先由计算机将其转化为由机器码指令构成的目的程序，这个过程叫编译。本章重点介绍MCS-51系列单片机指令系统及编程实例。

MCS-51系列指令可分为：数据传送指令、算术运算指令、位运算指令、逻辑运算指令、控制转移指令及伪指令。

3.1 MCS-51单片机汇编指令系统简介

MCS-51单片机共有111条汇编指令，其中数据传送指令29条、算术运算指令24条，逻辑运算指令24条，控制转移指令17条，位运算指令17条。这些指令分别对应单片机操作过程中的每一个步骤，与经编译后的机器语言成一一对应关系。

正由于这种一一对应关系，在使用汇编语言编写程序时自带了一个缺点，即可读性不强，编写工作繁琐。但也正缘于这种关系，程序具有执行时间可准确计算、存储空间可估等优点。

MCS-51系列单片机汇编语言指令格式如下。

[标号：]操作码　[目的操作数]　[，源操作数]　[；注释]

例如，START：MOV　A，40H

标号：用于标识某段程序的地址，一般使用具有一定意义的英文字母串来表示。当程序要跳转到另一位置时，可通过放置在目标地址前面的一个标号来指示新的位置，这就是标号，指令中可以使用标号来代替直接使用地址。

操作码：指令助记符，表示该指令应进行什么性质的操作，告诉CPU需要执行的指令。

目的操作数：目的操作数是指对源操作数执行完操作之后，将其结果输出到的某个地址。

源操作数：是指参加操作的数，这个数可以有很多种寻址方法，包括直接操作数、寄存器寻址、间址寻址等。

注释：对某条指令进行说明，以增加程序的可读性。

3.2 MCS-51 单片机寻址方式

寻址方式就是寻找操作数或操作数地址的方式,寻址方式的方便与快捷是衡量 CPU 性能的一个重要方面。指令的一个重要组成部分是操作数,由寻址方式指定参与运算的操作数或操作数所在单元的地址。寻址方式的一个重要问题是:如何在整个存储范围内,灵活、方便地找到所需要的单元。

MCS-51 单片机与操作数有关的寻址方式有 7 种,分别是立即寻址,寄存器寻址,直接寻址、寄存器间接寻址、寄存器相对寻址、基址加变址寻址和位寻址。

1. 立即寻址

在立即寻址方式中,操作数直接出现在指令中,指令的操作数可以是 8 位或 16 位数。例如:

MOV A, #7AH;

MOV DPTR, #1D00H

2. 直接寻址

在直接寻址方式中,操作数的单元地址直接出现在指令中,这一寻址方式可访问片内存储单元。可访问的片内存储单元包括:

(1)特殊功能寄存器地址空间。直接寻址是唯一可寻址特殊功能寄存器(SFR)的方式。例如:

MOV   TCON, A

MOV   A, P1

(2)内部 RAM 的低 128 字节。例如:

MOV   A,76H

3. 寄存器寻址

在寄存器寻址方式中,寄存器中的内容就是操作数。例如:

MOV   A, R7

假设 R7 中存放的操作数为 3BH,则指令执行结果为 A=3BH。

4. 寄存器间接寻址

在寄存器间接寻址方式中,指定寄存器中的内容是操作数的地址,该地址对应的存储器单元的内容才是操作数。例如:

MOV   A, @R0

若 R0=36H,36H=0F3H,则执行结果为 A=0F3H。

5. 变址寻址

变址寻址方式是以程序指针 PC 或数据指针 DPTR 为基址寄存器,以累加器 A 作为变址寄存器,两者内容相加(即基地址+偏移量)形成 16 位的操作数地址,变址寻址方式主要用于访问固化在程序存储器中的某字节。

变址寻址方式有两类。

（1）用程序指针 PC 作为地址，A 为变址，形成操作数地址：@A+PC。

（2）用数据指针 DPTR 作为基址，A 为变址，形成操作数地址：@A+DPTR。

6．相对寻址

相对寻址是以程序计数器 PC 的当前值作为基地址，与指令中第二字节给出的相对偏移量 *rel* 进行相加，所得和为程序的转移地址。相对偏移量 *rel* 是一个用补码表示的 8 位有符号数，*rel* 的范围为–128～127 字节。

例如：

```
        SJMP    NEXT
        ……
NEXT:   JZ      30H
```

7．位寻址

位寻址给出的是直接地址。例如：

SETB ET0

3.3　MCS-51 单片机汇编指令

3.3.1　汇编指令符号简介

MCS-51 单片机共有 111 条汇编指令，在介绍指令前有必要先说明一些等号的功能。

（1）Rn：当前选定的工作寄存器组 R0～R7。

（2）Ri：间接寻址寄存器 R0、R1。

（3）Direct：直接地址，可以表示内部 128B RAM 单元地址及特殊功能寄存器（SFR）地址。

（4）#data：8 位常数，其中"#"为立即数标识符。

（5）#data16：16 位常数，其中"#"为立即数标识符。

（6）addr16：16 位目的地址。

（7）addr11：11 位目的地址。

（8）rel：8 位带符号的偏移地址。

（9）DPTR：16 位外部数据指针寄存器。

（10）bit：可直接位寻址的位。

（11）A：累加器。

（12）B：寄存器 B。

（13）C：进、借位标志位，或位累加器。

（14）@：间接寄存器或基址寄存器的前缀。

（15）/：指定位求反。

（16）(x)：*x* 中的内容。

（17）((x))：以 *x* 中的值为地址，其所指向单元的内容。

（18）$：表示当前地址。

注：在编写程序时，指令当中的标点符号："："""""，"必须在英文状态下输入，否则不能通过编译，即不能把编写的汇编程序翻译成机器代码。

3.3.2 数据传送指令（29条）

数据传送指令包括数据的传送、交换、堆栈数据的压入与弹出，是最基本、使用率最高的一类指令。助记符有 MOV、MOVC、MOVX、XCH、XCHD、SWAP、PUSH、POP 共 8 种。

可作为目的操作数的有：累加器 A、工作寄存器 Rn、直接地址 direct 与间接地址@Ri 和 DPTR。

1．MOV 类指令及功能（16 条）

MOV 是内部数据传送指令，用于寄存器之间、寄存器与通用存储区之间的数据传送。MOV 类指令的格式如下。

MOV 目的操作数，源操作数

功能：从源操作数到目的操作数的数据传送，源操作数保持不变。

注：书写时，不要漏掉"，"，且为英文状态下输入。执行后不影响任何标志位。

下面按不同的目的操作数分别介绍各条指令的作用。

（1）以累加器 A 为目的操作数的指令如下。

MOV	A， Rn	;(Rn)→A，将寄存器 Rn 中的内容送到累加器 A
MOV	A， direct	;(direct)→A，直接地址中的内容送 A
MOV	A， @Ri	;((Ri))→A，Ri 间址的内容送 A
MOV	A， #data	;data→A，立即数送 A

例 3-1 将立即数 30H 送给累加器 A。

    MOV   A，#30H   ;指令运行结果为 A=30H

例 3-2 将 R1 指示的地址 40H 内的内容送累加器 A，设 40H=3AH。

    MOV   R1，#40H   ;指令运行结果为 R1=40H

    MOV   A，@R1   ;指令运行结果为 A=3AH

以上两条指令也可用下面的一条指令代替。

    MOV   A，40H

例 3-3 判断以下指令的正确性。

    ① MOV A，#40H

    ② MOV A，@R3

    ③ MOV A，#1234H

解答：

① 正确，满足格式 MOV A，#data。

② 错误，因为间接工作寄存器只有@R0 及@R1。

③ 错误，因为累加器 A 为 8 位，只能接受 8 位数据。

（2）以工作寄存器 Rn 为目的操作数的指令如下。

| MOV | Rn， A | ;(A)→Rn，累加器 A 中的内容送寄存器 Rn |
| MOV | Rn， direct | ;(direct)→Rn；直接地址中的内容送 Rn |

| MOV | Rn, | #data | ;data→Rn；立即数送 Rn |

例 3-4　假设（40H）=79H，求执行以下指令后，相应寄存器的值。

①　MOV　　R7,　　#40H

②　MOV　　R7,　　40H

③　MOV　　A,　　#12H

　　MOV　　R0,　　A

解答：

①　程序执行结果为 R7=40H。

②　程序执行结果为 R7=79H。

③　程序执行结果为 R0=12H。

（3）以直接地址为目的操作数的指令如下。

MOV	direct,	A	；(A)→direct，A 中的内容送入直接地址中
MOV	direct,	Rn	；(Rn)→direct，寄存器内容送入直接地址中
MOV	direct,	direct	；(direct)→direct，源操作数直接地址的内容送入目的操作数的直接地址中
MOV	direct,	@Ri	；((Ri))→direct，Ri 间址内容送入直接地址中
MOV	direct,	#data	；data→direct，立即数送入直接地址中

例 3-5　假设（40H）=79H，（79H）=3FH，请给出以下指令的执行结果。

①　MOV　　50H,　　#40H

②　MOV　　50H,　　40H

③　MOV　　R1,　　#40H

　　MOV　　50H,　　R1

④　MOV　　R1,　　#40H

　　MOV　　50H,　　@R1

解答：

①　程序执行结果为 50H=40H。

②　程序执行结果为 50H=79H。

③　程序执行结果为 R1=40H，50H=40H。

④　程序执行结果为 R1=40H，50H=3FH。

例 3-6　编写程序读取输入端口 P1 的值并存入片内 RAM 40H 中。

方法一：

　　　　　　MOV　　P1,　　#FFH

　　　　　　MOV　　A,　　P1

　　　　　　MOV　　40H,　　A

方法二：　　MOV　　P1,　　#FFH

　　　　　　MOV　　40H,　　P1

思考：为何例 3-6 中加入了第一条指令：MOV　P1,　#FFH

（4）以间接地址为目的操作数的指令如下。

| MOV | @Ri, | A | ；(A)→(Ri)，A 中内容送到 Ri 间址单元 |

MOV @Ri, direct ; (direct)→(Ri)，直接地址中的内容送入 Ri 间址单元

MOV @Ri, #data ; data→(Ri)，立即数送入 Ri 间址单元

例 3-7 判断以下指令的正确性。

    ① MOV @R0, R7

    ② MOV @R7, #29H

    ③ MOV @R0, #1234H

    ④ MOV @R0, #29H

解答：

① 错误，不允许两个寄存器之间直接传送信息。

② 错误，间址寄存器只有@R0 及@R1。

③ 错误，MCS-51 系列单片机的间址寄存器指向的空间为 8 位，不能存储 16 位的信息。

④ 正确，满足格式 MOV @Ri, #data。

例 3-8 假设（40H）=79H，（79H）=3FH，请给出以下指令的执行结果。

    ① MOV @R0, #40H

        MOV A, @R0

    ② MOV R0, 40H

        MOV A, @R0

解答：

① 程序执行结果为 A=79H。

② 程序执行结果为 A=3FH。

例 3-9 编写程序交换片内 RAM 40H 与 50H 的内容。

方法一：

    MOV A, 40H

    MOV 40H, 50H

    MOV 50H, A

方法二：

    MOV R0, 40H

    MOV A, 50H

    MOV 50H, @R0

    MOV 40H, A

例 3-10 设片内 RAM（30H）=40H，（40H）=6FH。P1 口作为输入端口，输入数据为 DCH，求下列程序段执行后的结果。

    MOV R0, #30H

    MOV A, @R0

    MOV R1, A

    MOV B, @R1

    MOV @R1, P1

    MOV P2, P1

执行结果如下。

（R0）=30H，（A）=（R1）=40H，（B）=10H，（40H）=DCH，（P2）=DCH。

（5）以间接地址为目的操作数的指令如下。

MOV　　DPTR，　#data16　;data16→DPTR，16 位常数送入数据指针 DPTR

;中，高 8 位送入 DPH，低 8 位送入 DPL

MCS-51 单片机是一种 8 位机，这是唯一的一条 16 位立即数传递指令。高 8 位送入 DPH（083H），低 8 位送入 DPL（082H）。

例 3-11　MOV　DPTR，#2468H

执行结果为：DPH 中的值为 24H，DPL 中的值为 68H。

反之，如果分别向 DPH、DPL 送数，则结果也一样。例如，有下面两条指令。

MOV　　DPH，#4DH，

MOV　　DPL，#56H。

则就相当于执行了：

MOV DPTR，#4D56H。

2. MOVC 类指令及功能（2 条）

MOVC 是累加器与程序存储区之间的数据传送指令。它比 MOV 指令多了一个字母 C，这个 C 就是 code（代码）的意思，即代码区（程序存储区）。它可以用于内部程序存储区（内部 ROM）与 A 之间的数据传送，也可以用于外部程序存储区（外部 ROM）与 A 之间的数据传送。因为程序存储区内外统一编址，所以只用一条指令即可。

这一类指令也被称为查表指令，常用此指令来查找 ROM 中的表格（类似于 C 语言中的指针），将该地址的内容读入累加器 A，同时也引出一个新的寻址方法：变址寻址。此类指令仅可使用累加器 A 作为目的操作数，有下列 2 条指令。

MOVC　　A，@A+DPTR　　;A←（A）+（DPTR），累加器 A 的值再加数据

;指针寄存器 DPTR 的值为其所指定地址，将

;ROM 地址中的数送入 A。

MOVC　　A，@A+PC　　;A←（A）+（PC），累加器 A 的值再加程序指针 PC

;的值为其所指定地址,将 ROM 该地址中的数送入 A。

第一条指令执行时，以 DPTR 中的数为基址，以 A 的数为变址，加起来就成为要查找的单元的地址，查找到的结果被放在 A 中。操作过程为：A←（A）+（DPTR）。

第二条指令执行时，以 PC 中的数为基址，以 A 的数为变址，加起来就成为要查找的单元的地址，查找到的结果被放在 A 中。操作过程如下。

A←（A）+（PC）。

例 3-12　计算 30H 中数的平方根（30H 中数的取值范围为 1～7），并将结果存入 40H 中。

MOV　　DPTR，#TABLE

MOV　　A，30H

MOVC　　A，@A+DPTR

MOV　　40H，A

TABLE: DB 0，1，4，9，16，25，36，49

程序执行过程为：设 30H 中的数为 3，送入 A 中，DPTR 中的值为表格 TABLE 的首地址，则最终确定的 ROM 单元的地址就是 TABLE+3，即到这个单元中取数，并将取到的结果 9 存入 40H，显然它是 3 的平方根。其他数据也可以以此类推。

思考：为何表格的第一个位置要设置为 0？能不能是其他数？

3．MOVX 类指令及功能（4 条）

MOVX 是外部数据存储器（外部 RAM）与累加器 A 之间的数据传送指令。因为内部与外部的 RAM 地址有重叠现象，所以需要用不同的指令予以区分。可作为目的操作数的有累加器 A、间接地址@Ri 和@DPTR。此类指令共有以下 4 条。

```
MOVX      A，@Ri     ;A←(A)+((Ri))，将间接地址所指定外部存储器
                     ;的内容读入累加器 A(8 位地址)
MOVX      A，@DPTR   ;A←(A)+((DPTR))，将数据指针所指定外部存
                     ;储器的内容读入累加器(16 位地址)
MOVX      @Ri，A     ;(Ri)←(A)+((Ri))，将累加器 A 的内容写到间接地
                     ;址指针所指定的外部存储器(8 位地址)
MOVX      @DPTR，A   ;(DPTR)←(A)+((DPTR))，将累加器的内容写到数
                     ;据指针所指定的外部存储器(16 位地址)
```

注：@Ri 的寻址范围为 0～255B，Ri 与 P0 结合使用可组成 16 位地址总线，寻址范围扩展为 0～64KB。

4．栈操作指令及功能（2 条）

栈可以在函数调用时存储断点信息。堆栈是计算机中一种先进后出的数据结构，由栈区和栈顶指针组成。堆栈有两种操作：压栈（进栈）和弹栈（出栈），它们均只能在栈顶进行。栈操作指令如下。

```
PUSH    direct    ;直接寻址单元压入栈顶
POP     direct    ;栈顶弹出指令，将栈顶内容存入直接寻址单元
```

第一条指令的操作过程分为以下两部分。

（1）栈指针 SP 的内容加 1，即 SP←（SP）+1。

（2）直接地址的内容传送到栈指针 SP 所指向的内部 RAM 单元中，即（SP）←（direct）。

第二条指令的操作过程分为以下两部分。

（1）栈指针 SP 所指向的内部 RAM 单元的内容传送到直接地址中，即 direct←（（SP））。

（2）栈指针 SP 的内容减 1，即 SP←（SP）-1。

注：复位后，SP 的值为 07H，这就会出现堆栈区与工作寄存器区两者重叠。为此，必须在程序的开头部分通过指令重新定义堆栈区域。如 MOV SP，#70H。堆栈操作过程不影响任何标志位。

5．字节交换指令及功能（3 条）

字节交换指令用于将累加器 A 的内容和源操作数的内容相互交换，此类指令仅可使用累

加器 A 作为目的操作数，有下列 3 条指令。

XCH　　A,Rn　　;　　(A)↔(Rn)，将累加器 A 的内容与寄存器的内容互换

XCH　　A,direct ;　　(A)↔(direct)，将累加器 A 的值与直接地址的内容互换

XCH　　A,@Ri　;　　(A)↔((Ri))，将累加器 A 的值与间接地址的内容互换

例 3-13　判断以下指令的正确性。

① XCH　A，R4

② XCH　R4，A

③ XCH　A，#34H

④ XCH　　　A，34H

解答：

① 正确，满足格式 XCH　A，Rn。

② 错误，字节交换指令只能以 A 作为目的操作数。

③ 错误，参与字节交换指令运算的目的操作数及源操作数在空间上应为对等的，字节交换指令基于两个存储空间进行，不能与立即数交换。

④ 正确，满足格式 XCH　A，direct。

例 3-14　假设（A）=6CH，（30H）=3FH，请给出下列程序的执行结果。

MOV　　R0,#30H

XCH　　A，@R0

执行结果如下。

（R0）=30H，（A）=3FH，（98H）=6CH。

注：字节交换指令基于两个存储空间进行，不能与立即数交换。字节交换指令只能以 A 作为目的操作数。

6. 半字节交换指令及功能（1 条）

XCHD　A,@Ri　;将累加器 A 的低 4 位与间接地址的低 4 位互换，高 4 位保持不变

例 3-15　假设（A）=6CH，（30H）=3FH，请给出下列程序的执行结果。

MOV　　　R0，　　#30H

XCHD　A，@R0

执行结果如下。

（R0）=30H，（A）=6FH，（98H）=3CH。

7. 累加器 A 高 4 位、低 4 位交换运算指令及功能（1 条）

SWAP　A　　　　　　;

例 3-16　设（A）=D7H，求执行以下指令后 A 的值。

SWAP　A

执行结果为：交接后（A）=7DH。

3.3.3　算术运算指令（24 条）

算术运算指令包括数据的加法、带位加法、加 1、减法、减 1、乘法、除法及十进制调整，

运算过程中可影响程序状态字 PSW。算术运算指令的助记符有 ADD、ADDC、INC、SUBB、DEC、MUL、DIV、DA 共 8 种。

注：由于执行算术运算指令时可影响程序状态字 PSW 中的 Cy，而在这之前形成的 Cy 的值与本指令运算无关，因此必须在操作指令之前将 Cy 置 0。

1. 加法指令及功能（4 条）

```
ADD    A, Rn     ；    A←(A)+(Rn)
ADD    A, @Ri    ；    A←(A)+((Ri))
ADD    A, direct ；    A←(A)+(direct)
ADD    A, #data  ；    A←(A)+data
```

加法指令的功能是将两个操作数的值相加后存入累加器 A。参与运算的两个操作数的长度均为 8 位，运算过程中可影响程序状态字 PSW 中的 Ac、Cy 和 OV。加法指令执行内容包括以下 4 部分。

（1）将两个操作数的值相加后存入累加器 A。

（2）如果最高位有进位，则置 PSW 的进位标志位 Cy=1，否则置 Cy=0。

（3）低 4 位向高 4 位有进位时，置 PSW 的辅助进位标志位（半进位标志）Ac=1，否则置 Ac=0。

（4）当进行带符号的加运算时，如果第 6 位有进位而第 7 位无进位，或第 7 位有进位而第 6 位无进位，则置 PSW 的溢出标志位（半进位标志）OV=1，否则置 OV=0。

例 3-17 设（A）=32H，（30H）=3FH，求执行如下指令后的结果。

```
MOV    A,     #32H
MOV    30H,   #3FH
MOV    R0,    #30H
ADD    A,     @R0
```

运算过程如下。

$$0\ 0\ 1\ 1\ 0\ 0\ 1\ 0\ \ (A)=32H$$

$$+\ 0\ 0\ 1\ 1\ 1\ 1\ 1\ 1\ \ (30H)=3FH$$

$$\overline{\quad\quad\quad\quad\quad\quad\quad\quad\quad}$$

$$0\ 1\ 1\ 1\ 0\ 0\ 0\ 1\ \ (A)=71H$$

执行结果为：（A）=71H，Ac=1，Cy=0，OV=0。

2. 带位加法指令及功能（4 条）

```
ADDC   A, Rn     ；    A←(A)+(Rn)+Cy
ADDC   A, @Ri    ；    A←(A)+((Ri))+Cy
ADDC   A, #data  ；    A←(A)+data+Cy
ADDC   A, direct ；    A←(A)+(direct)+Cy
```

带位加法指令的功能是将两个操作数的值和进位标志的值相加后存入累加器 A。运算过程也可影响程序状态字 PSW 中的 Ac、Cy 和 OV，影响过程与加法运算一样。

例 3-18 设 Cy=1，保持例 3-17 的其他条件，求执行如下指令后的结果。

运算过程如下。

$$
\begin{array}{r}
0\ 0\ 1\ 1\ 0\ 0\ 1\ 0 \quad (A)=32H \\
+\ \ 0\ 0\ 1\ 1\ 1\ 1\ 1\ 1 \quad (30H)=3FH \\
\hline
0\ 1\ 1\ 1\ 0\ 0\ 0\ 1 \quad (A)=71H \\
+\ \ \quad\quad\quad\quad\quad\quad\ 1 \quad Cy=1 \\
\hline
0\ 1\ 1\ 1\ 0\ 0\ 1\ 0 \quad (A)=72H
\end{array}
$$

执行结果为：（A）=72H，Ac=1，Cy=0，OV=0。

3．加 1 指令及功能（5 条）

```
INC    A       ;     A←（A）+1
INC    Rn      ;     Rn←(Rn)+1
INC    direct  ;     direct←（direct）+1
INC    @Ri     ;     (Ri)←((Ri))+1
INC    DPTR    ;     DPTR←(DPTR)+1
```

加 1 指令的功能是将操作数的值自加 1。

例 3-19　编写程序将 30H 与 31H 内的内容相加后将结果存到 32H 中。

程序如下。

```
START: MOV    R0, #30H
       MOV    A,  @R0
       INC    R0
       ADD    A,  @R0
       MOV    32H,A
```

4．减法指令及功能（4 条）

```
SUBB   A, Rn     ;     A←(A)-(Cy)-(Rn)
SUBB   A, @Ri    ;     A←(A)-(C)-((Ri))
SUBB   A, #data  ;     A←(A)-(C)-data
SUBB   A, direct ;     A←(A)-(C)-(direct)
```

减法指令的功能是用累加器 A 的内容减进位标志和源操作数，相减后将差存入累加器 A，操作会影响标志位。

例 3-20　设（A）=C2H，R7=3FH，求执行如下指令后的结果。

```
START: MOV PSW,#00H  ;把进位标志清零
       MOV A,#0C2H
       MOV R7,#3FH
       SUBB A,R7
```

程序执行结果如下。

（A）=83H，Cy=0，Ac=1。

注：（1）程序中为什么要将 Cy 清零？

（2）思考为何程序的第二条指令 MOV A，#0C2H 中，立即数前加了 0。

5. 减 1 指令及功能（4 条）

DEC　　　A　　　；　　累加器的值自减 1

DEC　　　Rn　　　；　　寄存器的值自减 1

DEC　　　@Ri　　；　　内部 RAM 单元的值自减 1

DEC　　　direct　；　　直接寻址单元的值自减 1

例 3-21　判断以下指令的正确性。

① DEC　DPTR

② DEC　#2FH

③ DEC　P0

④ DEC　@R0

解答：

① 错误，这类指令中没有对 DPTR 减 1 的操作。

② 错误，这类指令不能对立即数进行操作。

③ 正确，符合格式 DEC direct。

④ 正确，符合格式 DEC @Ri。

6. 十进制调整指令及功能（1 条）

DA　　　A　　　　；　　十进制调整

这条指令仅用于十进制 BCD 码加法指令以后，否则是没有实际意义的。

调整过程如下。

（1）若和的低 4 位（$A_{3\sim0}$）>9 或 AC=1，则进行（$A_{3\sim0}$）←（$A_{3\sim0}$）+6 调整。

（2）若和的高 4 位（$A_{7\sim4}$）>9 或 C=1，则进行（$A_{7\sim4}$）←（$A_{7\sim4}$）+6 调整。

例 3-22　设（A）=56 BCD 码，（R3）=67 BCD 码，执行以下指令。

ADD　　　A，R3

DA　　　A

运算过程如下。

$$
\begin{array}{cll}
 & 0101\ \ 0110 & (A)=56\ BCD\ 码 \\
+ & 0110\ \ 0111 & (R3)=67\ BCD\ 码 \\
\hline
和 & 1011\ \ 1101 & C=0,AC=0 \\
调整\ + & 0110\ \ 0110 & Cy=1 \\
\hline
 & 0010\ \ 0011 & 123\ BCD\ 码
\end{array}
$$

进位1

从上述计算过程可知，调整后 C=1，产生进位，BCD 码的和为 123。

7. 乘法指令及功能（1 条）

MUL　　AB　　;　　累加器 A 乘以寄存器 B：$(A) \times (B) = \begin{cases} (A)_{低8位} \\ (B)_{高8位} \end{cases}$

这条指令的作用是将累加器 A 和寄存器 B 中的数据相乘，相乘后的结果为 2 字节的数据（即 16 位数据），低 8 位数据存放于 A 中，高 8 位数据存放于 B 中。若 B 的值不为 0，即乘积大于 255（FFH），则溢出标志位 OV 为 1，否则为 0。进位标志 C 总为 0。

例 **3-23**　设（30H）=38H，（40H）=C3H，求执行以下程序后的结果。

```
MOV    A，30H
MOV    B，40H
MUL    AB
```

程序执行结果如下。

（A）=A8H，B=2AH，OV=1。

例 **3-24**　设 6 位被乘数依次存放于（MULTH）=38H、（MULT）=D3H、（MULTL）= C3H，2 位乘数存放于（MULT1）=3FH，求执行以下程序后的结果。

运算过程如下：

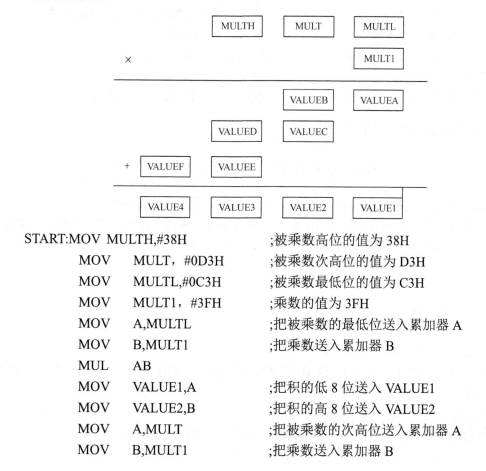

```
START:MOV MULTH,#38H          ;被乘数高位的值为 38H
      MOV    MULT，#0D3H       ;被乘数次高位的值为 D3H
      MOV    MULTL,#0C3H       ;被乘数最低位的值为 C3H
      MOV    MULT1，#3FH       ;乘数的值为 3FH
      MOV    A,MULTL           ;把被乘数的最低位送入累加器 A
      MOV    B,MULT1           ;把乘数送入累加器 B
      MUL    AB
      MOV    VALUE1,A          ;把积的低 8 位送入 VALUE1
      MOV    VALUE2,B          ;把积的高 8 位送入 VALUE2
      MOV    A,MULT            ;把被乘数的次高位送入累加器 A
      MOV    B,MULT1           ;把乘数送入累加器 B
```

MUL	AB	
MOV	PSW,#00H	;清零进位标志位 Cy，因为程序此前运
		;行过程中产生的 C 的值与本程序无关
ADD	A,VALUE2	;把被乘数的最低位相乘产生的高位与
		;被乘数次高位相乘产生的低位相加
MOV	VALUE2,A	;将相加的结果送入 VALUE2
MOV	A,B	;被乘数次高位相乘产生的高位送入 A
ADDC	A,#00H	;把 A 的值与进位相加
MOV	VALUE3,A	;将相加结果送入 VALUE3
MOV	A,MULTH	;把被乘数的最高位送入累加器 A
MOV	B,MULT1	;把乘数送入累加器 B
MUL	AB	
MOV	PSW,#00H	;清零进位标志位 Cy，因为程序此前运
		;行过程中产生的 C 的值与本程序无关
ADD	A,VALUE3	;把被乘数的次高位相乘产生的高位与
		;被乘数最高位相乘产生的低位相加
MOV	VALUE3,A	;将相加的结果送入 VALUE3
MOV	A,B	;被乘数最高位相乘产生的高位送入 A
ADDC	A,#00H	;将 A 的值与进位相加
MOV	VALUE4,A	;将相加结果送入 VALUE4

程序执行结果如下。

（VALUE1）=FDH，（VALUE2）=1CH，（VALUE1）=FCH，（VALUE1）=0DH。

8．除法指令及功能（1 条）

DIV　　　AB　　　；　　累加器 A 除以寄存器 B：$(A)/(B) = \begin{cases} (A)_{商} \\ (B)_{余数} \end{cases}$

这条指令的作用是将累加器 A 和寄存器 B 中的数据相除，被除数存放于 A 中，除数存放于 B 中。相除结果为：商保存于 A 中，余数保存于 B 中。清溢出标志位 OV 与进位标志 C。

例 3-25　设（30H）=38H，（40H）=C3H，求执行以下程序后的结果。

```
MOV    A，30H
MOV    B，40H
DIV AB
```

程序执行结果如下。

（A）=00H，（B）=38H，OV=0。

例 3-26　假设（30H）=DFH，请编写程序分开 30H 内值的个位、十位与百位，并存入 31H～33H 中。

程序如下。

```
START:MOV 30H,#0DFH      ;令(30H)=DFH，即(30H)=223
      MOV    B,#64H      ;令(B)=100
```

MOV	A,30H	;把待拆分数据送入 A
DIV	AB	;因为(B)=100，故 A 中除得的商为百位
MOV	33H,A	;把百位结果放入 33H
MOV	A,B	;把待拆分数据送入 A
MOV	B,#0AH	;令(B)=10
DIV	AB	;因为(B)=10，故 A 中除得的商为十位
MOV	32H,A	;把十位结果放入 32H
MOV	31H,B	;把个位结果放入 31H

程序运行结果如下。

（31H）=3，（32H）=2，（33H）=2。

3.3.4　逻辑运算指令（24 条）

逻辑运算指令包括数据的逻辑与、逻辑或、异或、取反、带位与不带位循环移位、清零。逻辑运算指令的助记符有 ANL、ORL、XRL、CPL、CLR、RL、RLC、RR、RRC 共 9 种。

1. 逻辑与运算指令及功能（6 条）

逻辑与运算指令的作用是将两个操作数按位进行与运算，然后赋值给目的操作数。逻辑与运算的运算规则是：只有两位全为 1 时，结果才为 1，否则为 0。可作为目的操作数的有累加器 A 和 direct,。此类指令共有如下 6 条。

ANL	A, Rn	;	A←(A)∧(Rn)，累加器与寄存器
ANL	A, @Ri	;	A←(A)∧((Ri))，累加器与 Ri 指定单元的内容
ANL	A, #data	;	A←(A)∧data，累加器与立即数
ANL	A, direct	;	A←(A)∧(direct)，累加器与直接寻址单元
ANL	direct, A	;	A←(direct)∧(A)，直接寻址单元与累加器
ANL	direct, #data	;	A←(direct)∧data，直接寻址单元与立即数

例 3-27　假设（A）=0F6H，R0=30H，（30H）=5DH，求执行以下程序后累加器 A 中的值。

MOV	A，	#0F6H
MOV	R0，	#30H
MOV	30H，	#5DH
ANL	A，	@R0;

执行结果如下。

```
      1 1 1 1 0 1 1 0      (A)
  ∧   0 1 0 1 1 1 0 1      ((R0))
  ─────────────────────
      0 1 0 1 0 1 0 0      (A)
```

即（A）=54H。

2. 逻辑或运算指令及功能（6条）

逻辑或运算指令的作用是将两个操作数按位进行或运算，然后赋值给目的操作数。逻辑与运算的运算规则是：两位操作数只要有一位为1，结果就为1，仅当两位操作数全为0时，结果才为0。可作为目的操作数的有累加器A和direct，。此类指令共有如下6条。

```
ORL    A, Rn       ;    A←(A)∨(Rn)，累加器或寄存器
ORL    A,@Ri       ;    A←(A)∨((Ri))，累加器或Ri指定单元的内容
ORL    A,#data     ;    A←(A)∨data，累加器或立即数
ORL    A,direct    ;    A←(A)∨(direct)，累加器或直接寻址单元
ORL    direct, A   ;    A←(direct)∨(A)，直接寻址单元或累加器
ORL    direct, #data ;  A←(direct)∨data，直接寻址单元或立即数
```

例 3-28 假设（A）=F6H，R0=30H，（30H）=5DH，求执行以下程序后，累加器A中的值。

```
MOV    A,       #0F6H
MOV    R0,      #30H
MOV    30H,     #5DH
ORL    A,       @R0；
```

执行结果如下。

```
    1 1 1 1 0 1 1 0        (A)
∨   0 1 0 1 1 1 0 1        ((R0))
─────────────────────
    1 1 1 1 1 1 1 1        (A)
```

即（A）=FFH。

3. 逻辑异或运算指令及功能（6条）

逻辑异或运算指令的作用是将两个操作数按位进行异或运算，然后赋值给目的操作数。逻辑异或运算的运算规则是：两位操作数不同时，结果为1，相同时，结果为0。可作为目的操作数的有累加器A和direct，。此类指令共有以下6条。

```
XRL    A, Rn       ;    累加器异或寄存器
XRL    A,@Ri       ;    累加器异或Ri指定单元的内容
XRL    A,#data     ;    累加器异或立即数
XRL    A,direct    ;    累加器异或直接寻址单元
XRL    direct, A   ;    直接寻址单元异或累加器
XRL    direct, #data ;  直接寻址单元异或立即数
```

例 3-29 假设（A）=F6H，R0=30H，（30H）=5DH，求执行以下程序后，累加器A中的值。

```
MOV    A,       #0F6H
MOV    R0,      #30H
```

```
MOV     30H，#5DH
XRL     A，@R0;
```

执行结果：

即（A）=FFH。

4. 带进位与不带进位循环移位运算指令及功能（4 条）

```
RL      A        ；  累加器 A 向左循环移位
RLC     A        ；  累加器 A 连进位标志左循环移位
RR      A        ；  累加器 A 右循环移位
RRC     A        ；  累加器 A 连进位标志右循环移位
```

带进位与不带进位循环移位运算仅有一位操作数，且仅可为累加器 A。

第一条指令为累加器 A 向左循环移位，移出的最高位 D_7 送给最低位 D_0。移位过程如图 3-1 所示。

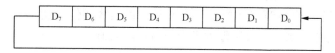

图 3-1 累加器 A 向左循环移位

第二条指令为带进位标志累加器 A 向左循环移位，移出的最高位 D_7 送给 Cy，Cy 的内容送给最低位 D_0。移位过程如图 3-2 所示。

图 3-2 累加器 A 连进位标志左循环移位

第三条指令为累加器 A 向右循环移位，移出的最低位 D_0 送给最高位 D_7。移位过程可如图 3-3 所示。

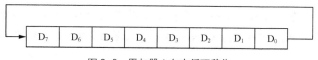

图 3-3 累加器 A 向右循环移位

第四条指令为累加器 A 连进位标志右循环移位，移出的最低位 D_0 送给 Cy，Cy 的内容送给最高位 D_7。移位过程如图 3-4 所示。

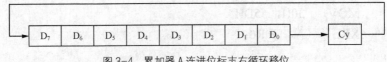

图 3-4 累加器 A 连进位标志右循环移位

例 3-30 请设计流水灯，达到以下效果。

（1）可控制 8 个发光二极管。

（2）从左向右依次点亮发光管，一次仅点亮一个发光管。

（3）循环进行第（2）步的操作。

程序如下。

```
START: MOV    P0,#0FFH    ;清 P0 口数据
       MOV    A,#01H      ;令(A)=01H
START1:MOV    P0,A        ;送 A 的内容给 P0，即 P0 口对外输出数据
       ACALL  DELAY       ;调用延时子程序，以使人眼可以看到 P0 口
                          ;送出数据的不同
       RL     A           ;A 的内容向左移一位
       SJMP   START1      ;程序执行无条件回到 START1 位置
```

5. 取反运算指令及功能（1 条）

CPL   A   ;累加器 A 取反

CPL 是取反指令，也称逻辑非指令，用于把 A 的内容逐位取反。

例 3-31 设（A）=D7H，求执行以下指令后，A 的值。

CPL A

执行结果为：由于（A）=D7H（1101 0111），故取反后，（A）=28H（0010 1000）。

6. 清零运算指令及功能（1 条）

CLR   A   ;累加器 A 清零

清 0 累加器 A，不影响标志位。

例 3-32 设（A）=D7H，求执行以下指令后 A 的值。

CLR   A

执行结果为：清零后，（A）=00H（0000 0000）。

3.3.5 控制转移指令（17 条）

逻辑运算指令包括无条件转移指令、条件转移指令、比较转移指令、循环转移指令、子程序调用指令、返回指令及空操作。控制转移指令的助记符有：JMP、LJMP、AJMP、LCALL、ACALL、SJMP、JZ、JNZ、DJNZ、CJNE、RET、RETI、NOP，共 13 种。

1. 无条件转移指令（4 条）

无条件转移指令是指无条件地转移到由地址表达式所确定的目标单元，指令执行后不影响标志位。

AJMP	addr11	;	2KB 范围内绝对转移
LJMP	addr16	;	64KB 范围内长转移
SJMP	rel	;	相对短转移
JMP	@A+DPTR	;	相对长转移

第一条指令又称绝对无条件转移指令，是双字节、双周期指令，跳转范围为 2KB，即保持当前程序计数器 PC 高 5 位不变，低 11 位的 2KB 范围。在编写程序时，addr11 一般使用标号表示。指令执行过程分以下两步进行。

（1）（PC）←（PC）+2。

（2）（$PC_{0\sim10}$）←$addr_{0\sim10}$，$PC_{11\sim15}$ 维持不变。

例 3-33　设（PC）=037FH，LOOP 的目标地址为 073AH，求执行以下指令后 PC 的值。

AJMP　LOOP

执行结果为：（PC）=073AH。

第二条指令又称无条件长转移指令，是 3 字节、双周期指令，跳转范围为 64KB，指令执行过程为：（$PC_{0\sim15}$）←$addr_{0\sim15}$。

第三条指令又称相对转移指令，是双字节、双周期指令，指令中的 rel 为相对偏移量。Rel 的最高位是符号位，当最高位为 1 时，程序向地址码增加的方向转移，当最高位为 0 时，程序向地址码减小的方向转移。转移范围是以当前 PC 所指的地址为基址，转移范围为-128～+127。指令执行过程分以下两步进行。

（1）（PC）←（PC）+2。

（2）（PC）←（PC）+rel。

例 3-34　编写一条指令，使单片机做死循环操作。

指令：SJMP $

第四条指令又称间接转移指令，是单字节、双周期指令，可实现多分支转移。它根据某种输入或运算的结果，分别转向各个处理程序段去执行程序。指令执行过程为：（PC）←（A）+（DPTR）。当 A 的值与 DPTR 的低 8 位相加后有进位时，把进位加到 DPTR 的高 8 位，由此形成新的 16 位地址送给 PC。当高 8 位有进位时，舍弃进位。

例 3-35　编写程序实现当 P0 输入 0～3 的任一数时，求其平方值，并存入 31H 中。

START:	MOV P0,#00H	;清 P0 口
	MOV DPTR,#TAB	;让 DPTR 指向 TAB
	MOV B, #03H	;令（B）=3
	MOV A,P0	;读取 P0 口的端口值
	MUL AB	
	JMP @A+DPTR	;使 PC 指向以(A)+(DPTR)的值为地址的单元
TAB:	LJMP TAB1	;当(A)=0 时，程序由此跳转到 TAB1
	LJMP TAB2	;当(A)=1 时，程序由此跳转到 TAB2
	LJMP TAB3	;当(A)=2 时，程序由此跳转到 TAB3
	LJMP TAB4	;当(A)=3 时，程序由此跳转到 TAB4
TAB1:	MOV 31H,#00H	;当(A)=0 时，(31H)=0

	SJMP STOP	;跳转到 STOP
TAB2:	MOV 31H,#01H	;当(A)=1 时，(31H)=1
	SJMP STOP	;跳转到 STOP
TAB3:	MOV 31H,#04H	;当(A)=2 时，(31H)=4
	SJMP STOP	;跳转到 STOP
TAB4:	MOV 31H,#09H	;当(A)=3 时，(31H)=9
STOP:	SJMP $	

注：　（1）为什么程序中要设（B）=3？

　　　（2）为什么程序中编写了多条 SJMP STOP，不要行不行？

　　　（3）为什么程序中最后要编写指令 SJMP $？

2．条件转移指令（2 条）

条件转移指令是指满足条件而发生转移的指令。它们以某些标志位或这些标志位的逻辑运算作为依据，若满足指令规定的条件，则程序转移，否则顺序执行。指令执行后不影响标志位。

JZ　　　　rel　　　　；　累加器 A 为零转移

JNZ　　　rel　　　　；　累加器 A 非零转移

这两条指令均是双字节、双周期指令，当累加器 A 中的值满足所判条件时，程序跳转到目标地址去执行，不满足条件时，程序顺序执行。

第一条指令又称判零指令，执行过程分为以下两步。

（1）（PC）← （PC）+2。

（2）$\begin{cases} A = 00H时，PC = (PC) + rel \\ A \neq 00H时，程序顺序执行 \end{cases}$

第二条指令又称判非零指令，执行过程分为以下两步。

（1）（PC）← （PC）+2。

（2）$\begin{cases} A \neq 00H时，PC = (PC) + rel \\ A = 00H时，程序顺序执行 \end{cases}$

3．比较转移指令（4 条）

比较转移指令是 3 字节、双周期指令，助记符 CJNE 是 compare jump not equal 的英文缩写，即比较不相等转移指令。比较转移指令的功能是用目的操作数和源操作数进行比较，如果两者相等，就顺序执行（即执行本指令的下一条指令），如果不相等就转移，执行指令后会影响标志位。比较存在以下 3 种情况。

（1）当目的操作数大于源操作数时，转移，且 Cy=0。

（2）当目的操作数小于源操作数时，转移，且 Cy=1。

（3）当目的操作数等于源操作数时，程序顺序执行。

比较转移类指令可使用累加器 A、工作寄存器 Rn 与间接地址@Ri 作为目的操作数，包括以下 4 条指令。

CJNE	A,	#data,	rel	;	累加器与立即数不等，转移
CJNE	A,	direct,	rel	;	累加器与直接寻址单元内容不等，转移
CJNE	Rn,	#data,	rel	;	寄存器与立即数不等，转移
CJNE	@Ri,	#data,	rel	;	Ri 所指定单元内容与立即数不等，转移

第一条指令以 A 作为目的操作数，以立即数作为源操作数，跳转偏移量为 rel。执行过程分为以下两步。

（1）（PC）← （PC）+3

（2）$\begin{cases} (A) > d{\it ata}时，(PC) = (PC) + {\it rel}，且 Cy = 0 \\ (A) < d{\it ata}时，(PC) = (PC) + {\it rel}，且 Cy = 1 \\ (A) = d{\it ata}时，程序顺序执行 \end{cases}$

第二条指令以 A 作为目的操作数，以直接寻址单元 direct 作为源操作数，跳转偏移量为 rel。执行过程分为以下两步。

（1）（PC）← （PC）+3。

（2）$\begin{cases} (A) > (d{\it ata})时，(PC) = (PC) + {\it rel}，且 Cy = 0 \\ (A) < (d{\it ata})时，(PC) = (PC) + {\it rel}，且 Cy = 1 \\ (A) = (d{\it ata})时，程序顺序执行 \end{cases}$

第三条指令以工作寄存器 Rn 作为目的操作数，以立即数作为源操作数，跳转偏移量为 rel。执行过程分为以下两步。

（1）（PC）← （PC）+3。

（2）$\begin{cases} (Rn) > (d{\it ata})时，(PC) = (PC) + {\it rel}，且 Cy = 0 \\ (Rn) < (d{\it ata})时，(PC) = (PC) + {\it rel}，且 Cy = 1 \\ (Rn) = (d{\it ata})时，程序顺序执行 \end{cases}$

第四条指令以间接地址@Ri 作为目的操作数，以立即数作为源操作数，跳转偏移量为 rel。执行过程分为以下两步。

（1）（PC）← （PC）+3。

（2）$\begin{cases} ((Rn)) > (d{\it ata})时，(PC) = (PC) + {\it rel}，且 Cy = 0 \\ ((Rn)) < (d{\it ata})时，(PC) = (PC) + {\it rel}，且 Cy = 1 \\ ((Rn)) = (d{\it ata})时，程序顺序执行 \end{cases}$

4. 循环转移指令（2 条）

循环转移指令是指无条件地转移到由地址表达式所确定的目标单元，指令执行后不影响标志位。

| DJNZ | Rn, | rel | ; | 寄存器减 1 不为 0，转移 |
| DJNZ | direct, | rel | ; | 直接寻址单元减 1 不为 0，转移 |

例 3-36 编写程序实现延时 1s。

```
START:   MOV   R6,   #14H
DL1:     MOV   R5,   #19H
DL2:     MOV   R4,   #0FFH
         DJNZ  R4, $
         DJNZ  R5, DL2
         DJNZ  R6, DL1
SJMP $
```

5. 子程序调用指令（2 条）

子程序是指能被其他程序调用，在实现某种功能后能自动返回到调用程序的程序。子程序的最后一条指令一定是返回指令，只有这样才能保证子程序运行结束后，重新返回到调用它的程序中。子程序间可相互调用，甚至可自身调用（如递归）。将可以重复利用的程序放在子程序中，可节省存储空间，提高程序的可读性与复用性。实现子程序的调用可利用以下 2 条指令。

```
ACALL      addr11        ;   2KB 范围内绝对调用
LCALL      addr16        ;   64KB 范围内长调用
```

第一条指令称为绝对调用指令，双字节、双周期，跳转范围为 2KB。执行过程分以下几步。

（1）（PC）← （PC）+2。

（2）（SP）← （SP）+1。

（3）（(SP)）← （$PC_{0\sim7}$）。

（4）（SP）← （SP）+1。

（5）（(SP)）← （$PC_{8\sim15}$）。

（6）（$PC_{0\sim10}$）←$addr_{0\sim10}$、（$PC_{11\sim15}$）不变。

第二条指令称为长调用指令，3 字节、双周期，跳转范围为 64KB。执行过程分以下几步。

（1）（PC）← （PC）+3。

（2）（SP）← （SP）+1。

（3）（(SP)）← （$PC_{0\sim7}$）。

（4）（SP）← （SP）+1。

（5）（(SP)）← （$PC_{8\sim15}$）。

（6）（$PC_{0\sim15}$）←$addr_{0\sim15}$。

6. 返回指令及空操作（3 条）

子程序执行结束后需返回到调用它的程序中，为此设计了返回指令以达到此项功能。空操作指令常用来产生一个机器周期的延时，除了完成 PC 内容加 1 外，不影响其他寄存器和标志位。返回指令及空操作是指无条件地转移到由地址表达式确定的目标单元，指令执行后不影响标志位。

```
RET                      ;   子程序返回
```

```
RETI                    ;    中断返回
NOP                     ;    空操作
```

第一条指令为子程序返回指令，单字节、双周期。执行过程分为以下几步。

（1）$(PC_{8\sim15}) \leftarrow ((SP))$。

（2）$(SP) \leftarrow (SP)-1$。

（3）$(PC_{0\sim7}) \leftarrow ((SP))$。

（4）$(SP) \leftarrow (SP)-1$。

第二条指令为中断返回指令，单字节、双周期。中断返回用于 CPU 响应中断后执行完中断服务程序返回主程序。RETI 也具有恢复断点的功能，与 RET 类似，除此之外，它还会清除"优先级激活"触发器，以重新开放同级或低级的中断申请。执行过程分为以下几步。

（1）$(PC_{8\sim15}) \leftarrow ((SP))$。

（2）$(SP) \leftarrow (SP)-1$。

（3）$(PC_{0\sim7}) \leftarrow ((SP))$。

（4）$(SP) \leftarrow (SP)-1$。

第三条指令称为空操作，用来产生一个机器周期的延时。执行过程为：$(PC) \leftarrow (PC)+1$。

例 3-37 编写程序从 P0.1 口输出一个正脉冲，脉宽 4 个机器周期。

```
START: MOV    P0,00H   ;
       MOV    P0，#01H；得到正脉冲的上升沿
       NOP
       NOP
       MOV    P0,00H   ;得到正脉冲的下降沿，指令执行 2 个机器周期
       SJMP   $
```

注：执行 NOP 操作需 1 个机器周期，执行 MOV direct，direct 需 2 个机器周期。

3.3.6　布尔位处理指令（17 条）

布尔处理是 CPU 的一个重要组成部分，它是以位（bit）为单位进行操作的，为用户提供了丰富的位处理能力。单片机指令系统中一共有 17 条位操作指令，借用程序状态字 PSW 中的进位标志 C 作为位操作"累加器"。可进行位操作的有：片内数据存储器 20H～2FH 中的位地址单元和由特殊功能寄存器 SFR 中地址能被 8 整除的寄存器构成的位寻址单元。

位处理指令中全为直接寻址方式，位地址可用以下几种方法表示。

（1）直接用位地址表示，如 00H、D7H 等。

（2）采用字节地址位数表示，两者之间用"."号隔开，如 25H.4、D0H2 等。

（3）可位寻址寄存器中定义过的名称，如 TR0、EX0、OV 等。

（4）用户自定义过的名称。

```
例如：  L1 BIT PSW.7
        ……
        CLR   L1              ;清零 L1，即清零 PSW.7
```

布尔处理可对直接寻址的位变量进行位处理，如置位、清零、取反、测试转移以及逻辑"与""或"等位操作。

1．布尔位数据传送指令（2 条）

MOV	C, bit	;	(C)←(bit)，直接寻址位送 C
MOV	bit, C	;	(bit)←(C)，C 送直接寻址位

第一条指令是将直接寻址位的值送 C。

2．布尔位数据清零、取反、置位指令（6 条）

CLR	C	;	C 清零
CLR	bit	;	直接寻址位清零
CPL	C	;	C 取反
CPL	bit	;	直接寻址位取反
SETB	C	;	C 置位
SETB	bit	;	直接寻址位置位

3．布尔位数据逻辑与指令（2 条）

ANL	C, bit	;	(C)←(C)∧(bit)
ANL	C, /bit	;	(C)←(C)∧(/bit)

4．布尔位数据逻辑或指令（2 条）

ORL	C, bit	;	(C)←(C)∨(bit)
ORL	C, /bit	;	(C)←(C)∨(/bit)

5．布尔位数据条件转移指令（5 条）

JC	rel	;	C 为 1，转移
JNC	rel	;	C 为 0，转移
JB	bit, rel	;	直接寻址位 bit 为 1，转移
JNB	bit,rel	;	直接寻址位 bit 为 0，转移
JBC	bit,rel	;	直接寻址位 bit 为 1，转移且(bit)←0

3.4　MCS-51 单片机伪指令

所谓伪指令，就是没有对应机器码的指令，它是用于告诉汇编程序如何进行汇编的指令，它既不控制机器的操作，也不被汇编成机器代码，只能为汇编程序所识别并指导汇编如何进行。

在 8051 单片机使用中，下面 9 个伪指令使用得最多，具体使用方法如下。

1．ORG

定位地址，位于程序开头，定义起始位置或程序入口。

2．EQU

EQU 指令用于将一个数值或寄存器名赋给一个指定符号名，经过 EQU 指令赋值的符号可在程序的其他地方使用，以代替其赋值。

指令格式：符号名　　EQU　　表达式

例如，MAX EQU 2000，表示如果在程序的其他地方出现 MAX，就用 2000 代替。

3．DS

以字节为单位在内部和外部存储器保留存储器空间。

4．DB

定义字节数据，以给定表达式的值的字节形式初始化代码空间。

指令格式：[标号：]　 DB 数值表达式

5．DW

定义字数据，以给定表达式的值的双字节形式初始化代码空间。

指令格式：[标号：]　 DW 数值表达式

6．DATA

DATA 指令用于将一个内部 RAM 的地址赋给指定的符号名。

指令格式：符号名 DATA　 表达式

数值表达式的值应在 0～255 之间，表达式必须是一个简单再定位表达式。

例如：　　REGBUFDATA　　40H

　　　　　PORT0　　　　　DATA　　80H

7．BIT

BIT 指令用于将一个位地址赋给指定的符号名，具体作用于 EQU 相似，不过定义的是位操作地址，经 BIT 指令定义过的位符号名不能更改。

指令格式：符号名 BIT 位地址

例如：　　　X_ON　　　　　BIT　60H　　　　　;定义一个绝对位地址

　　　　　　X_OFF　　　　 BIT　21H.1　　　　;定义一个绝对位地址

8．CODE 用于将程序存储器 ROM 的地址赋给指定的符号名。

指令格式：符号名　 CODE　　表达式

9．END 程序结束语句

3.5 综合编程实例

例 3-38 设计流水灯，实现以下效果。

1. 可点亮 8 个发光二极管。
2. 先点亮所有发光二极管，亮 1s 后全灭。再从第一个发光二极管逐个点亮。
3. 循环第 2 步的效果。

程序：

```
            ORG 0000H
            SJMP START              ;转主程序起始点
            ORG 0030H               ;程序存入 30H 开始的空间
TAB1:       DB 0FFH，00H，01H，03H，07H，0FH，1FH，3FH，7FH，0FFH
START:      MOV DPTR,#TAB1          ;命令 DPTR 指向表格 TAB1 的第 1 个位置
            MOV R7,#00H             ;清零寄存器 R7
    D1:     MOV A,R7                ;将寄存器 R7 的内容送到 A
            MOVC A，@A+DPTR         ;查表，并把查到的结果存入 A 中
            MOV P0,A                ;将 A 的内容送入 P0 口，即由 P0 控制流水灯
            ACALL DELAY             ;调用延时子程序
            INC R7                  ;将寄存器 R7 的内容加 1
            CJNE R7,#0AH,D1         ;判断是否查到了最后一位数据，是则程序向下
                                    ;顺序执行，否则跳转到 D1
            SJMP START              ;无条件跳转到程序开始位置
DELAY:      MOV R6,#14H             ;延时子程序
    DL1:    MOV R5，#19H
    DL2:    MOV R4，#0FFH
            DJNZ R4，$
            DJNZ R5，DL2
            DJNZ R6，DL1
            RET                     ;子程序返回指令
            END                     ;程序结束指令
```

例 3-39 编写一个循环闪烁灯程序。用 P1 口分别控制 8 个发光二极管的阴极（共阳极接高电平），每次其中某个二极管闪烁 10 次，依次进行，循环不止。

```
            ORG     0000H
            SJMP    START           ;转主程序起始点
            ORG     0030H           ;程序存入 30H 开始的空间
START:      MOV     A，#0FEH
FLASH:      MOV     R7，#0AH
FLASH1:     MOV     P1，A
            LCALL   DELAY
```

```
            MOV     P1，#0FFH
            LCALL   DELAY
            DJNZ    R2，FLASH1
            RR      A
            SJMP    FLASH
DELAY:      MOV R6,#14H                    ;延时子程序
DL1:        MOV R5，#19H
DL2:        MOV R4，#0FFH
            DJNZ R4,$
            DJNZ R5,DL2
            DJNZ R6,DL1
            RET                            ;子程序返回指令
            END
```

例 3-40　求以下函数。

$$Y = \begin{cases} -1 & X > 0 \\ 0 & X = 0 \\ 1 & X < 0 \end{cases}$$

设 X、Y 分别为 30H、31H 单元。

分析：由设计要求可以看出，程序有 3 条路径需要选择，因此需要采用分支结构设计，其流程图如图 3-5 所示。

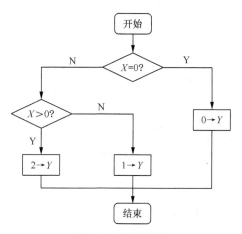

图 3-5　函数流程图

程序如下。

```
ORG 2000H
X   EQU     30H
Y   EQU     31H
MOV   A，X
JZ LOOP0                ;A 为 0 值，转 LOOP0
```

```
        JB    ACC.7,  LOOP1    ;最高位为1，为负数
        MOV   A,  #01H         ;A←1
        SJMP  LOOP0
LOOP1:  MOV   A，#02H           ;A←2
LOOP0:  MOV   Y, A             ;Y←A
        SJMP  $
        END
```

例 3-41 编写程序找到片内 RAM 从 30H 到 3AH 的最小值，并将找到的最小值存入 3BH。

根据要求可画出流程图如图 3-6 所示。

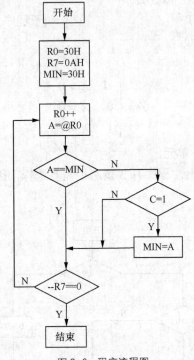

图 3-6 程序流程图

程序如下。

```
        MIN   DATA 3BH
        ORG   0000H
        SJMP  START          ;转主程序起始点
        ORG   0030H          ;程序存入 30H 开始的空间
START:  MOV   R0,#30H        ;R0 指向 30H 单元
        MOV   R7,#10         ;送立即数 10 给 R7
        MOV   MIN,30H        ;送 30H 到 MIN，即设 30 单元的值就是最小值
D3:  INC     R0
        MOV   A,@R0          ;把 R0 指向单元内的值送入 A
```

```
        CJNE    A,MIN,D1        ;比较 A 与 MIN 的值的大小
        SJMP    D2              ;A==MIN，跳转到 D2
D1: JNC     D2              ;C==0，跳转到 D2，C==1，即 A<MIN，MIN=A
        MOV     MIN,A           ;将 A 送入 MIN
D2: DJNZ    R7,D3           ;R7==0 结束比较，跳转到 D4，否则跳转到 D3
        SJMP    D4              ;结束比较，程序进入死循环
D4: SJMP    $
        END                     ;程序结束指令
```

习题

1. 什么叫作寻址方式？MCS-51 系列单片机有哪几种寻址方法？

2. 编写程序交换 30H 与 40H 的值。

3. 什么叫作堆栈？堆栈有哪几种操作方式？分别是什么？

4. 设（30H）=4DH，（4DH）=0A3H，（31H）=9DH，求执行以下程序后各单元的值。

```
            ORG 0000H
            SJMP START
            ORG 0030H
    START:  MOV 30H，#4DH
            MOV 4DH，#0A3H
            MOV 31H，#9DH
            MOV R0，#30H
            MOV A，@R0
            INC R0
            MOV B，@R0
            DIV AB
            MOV R1，#4DH
            XCH A，@R1
            SJMP $
            END
```

5. 编写程序将片内 RAM 从 30H～3AH 这几个单元内的值求和，并将和存放到 3BH 单元，假设和小于 256。

6. 编写程序找到片内 RAM 从 30H 到 3AH 的最大值，并将找到的最大值存入 3BH。

7. 利用移位指令设计流水灯，实现以下效果。

（1）可点亮 8 个发光二极管。

（2）从左到右逐个点亮发光二极管。

（3）结束第（2）种效果后，从左到右同时点亮相邻二个发光管。

（4）重复第（2）、（3）种效果。

第4章 MCS-51单片机的中断系统

中断系统在微型计算机系统中起着十分重要的作用。一个功能强大的中断系统，能大大提高计算机处理事件的能力，提高效率，增强实时性。

中断是通过硬件来改变 CPU 的运行方向。计算机在执行主程序的过程中，当出现某种紧急情况时，由服务对象向 CPU 发出中断请求信号，要求 CPU 暂时中断当前主程序的执行而转去执行相应的服务处理程序，待服务处理程序执行完毕后，再继续执行原来被中断的主程序。这种程序在执行过程中由于外界的原因而被中间打断的情况称为"中断"。

MCS-51 系列单片机的中断系统是 8 位单片微机中功能较强的一种，它具有 5（或 6）个中断请求源，2 级中断优先级，可实现 2 级中断嵌套。用户可以很方便地通过软件设置实现对中断系统的控制。

4.1 中断概述

在早期的计算机中，主机和外设交换信息只能采用程序控制传送方式。由于是 CPU 主动要求传送数据，而它又不能控制外设的工作速度，CPU 只能用等待的方式来解决速度的匹配问题，计算机的效率得不到提高。所以为了解决快速的 CPU 和慢速的外设之间的矛盾，产生了中断的概念。

在日常生活中，"中断"现象也极其普遍。例如，我正在做某事，突然电话铃响了，我立即"中断"正在做的事，去接电话，接完电话，回头继续做我的事。如果不接电话，就不能及时甚至贻误紧急事情的处理。微型计算机系统中的"中断"，其含义完全一样，是把社会的这一经验移植到了计算机系统。

可见，"中断"是处理事件的一个"过程"，这一过程一般是由计算机内部或外部某种紧急事件引起并向 CPU 发出请求处理的信号，CPU 在允许的情况下响应请求，暂停正在执行的程序，保存好"断点"处的现场，转去执行中断处理程序，处理完后自动返回到原来的断点处，继续执行原程序。这一处理过程就称为"**中断**"。

CPU 处理上述事件的过程，称为 CPU 的**中断响应过程**，如图 4-1 所示。对事件的整个处理过程，称为**中断处理**（或中断服务）。

能实现中断处理的功能部件称为**中断系统**；产生中断的请求部件称为**中断请求源**（或中断源）；中断源向 CPU 提出的处理请求，称为**中断请求**（或中断申请）。

当 CPU 暂时中止正在执行的程序，转去执行中断服务程序时，除了单片机硬件自动把断点地址（16 位程序计数器 PC 的值，即 PC 当前值）压入堆栈之外，用户还应该保护有关的工作寄存器、累加器、标志位等信息，这个过程称为**现场保护**。在完成中断服务程序后，恢复有关工作寄存器、累加器、标志位的内容，这个称为**现场恢复**。最后执行中断返回指令 RETI，从堆栈中自动弹出断点地址到 PC，继续执行被中断的程序，这称为**中断返回**。

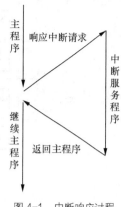

图 4-1　中断响应过程

在实际应用中应注意以下两点。

（1）由于中断的发生是随机的，因而使得由中断驱动的中断服务程序难于把握、检测和调试，这就要求在设计中断和中断服务程序时应特别谨慎，力求正确。

（2）在输入/输出的数据处理频度很高或实时处理要求很高时，不宜采用中断方式。

4.2　MCS-51 单片机的中断系统结构

MCS-51 单片机的中断系统提供 5 个或 6 个中断源，具有 2 级中断优先级，可由软件设定，可实现两级中断嵌套，用户可以通过软件来屏蔽或接受所有的中断请求。

4.2.1　MCS-51 的中断源

8051 单片机提供 5 个中断源，而 8052 单片机为 6 个中断源，比 8051 多一个定时/计数器 2。8051 单片机 5 个中断源中 2 个为外部中断源，3 个为单片机内部中断源。它们分别如下。

（1）$\overline{\text{INT0}}$：外部中断请求 0，中断请求信号由 P3.2 引脚输入。

（2）$\overline{\text{INT1}}$：外部中断请求 1，中断请求信号由 P3.3 引脚输入。

（3）定时/计数器 T0：计数溢出中断请求，计数时，计数脉冲信号由 P3.4 引脚输入。

（4）定时/计数器 T1：计数溢出中断请求，计数时，计数脉冲信号由 P3.5 引脚输入。

（5）串行通信中断请求。

4.2.2　MCS-51 中断系统的总体结构

MCS-51 中断系统结构示意图如图 4-2 所示。由图可知，8051 单片机有 5 个中断源，提供两级中断优先级，可实现二级中断服务程序嵌套（在一个中断服务子程序执行过程中，还可以产生中断），每一个中断源可通过软件控制为高优先级中断或低优先级中断，且每一个中断源可以用软件独立地控制为允许中断或关闭中断状态；每一个中断源的中断级别均可以通过软件设置相关寄存器来实现。

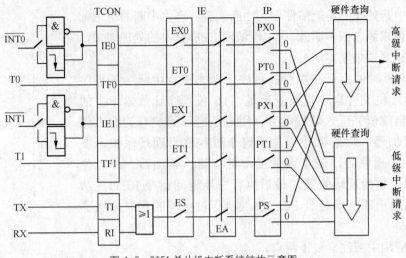

图 4-2　8051 单片机中断系统结构示意图

4.2.3　中断控制

1．定时/计数器控制寄存器 TCON

定时/计数器控制寄存器 TCON 的字节地址为 80H，可位寻址。该寄存器中既包括定时/计数器 T0 和 T1 溢出中断请求标志位 TF0 和 TF1，也包括两个外部中断请求的标志位 IE0 和 IE1。除此之外，还包括外部中断请求信号的触发方式的选择位 IT0 和 IT1。寄存器 TCON 的格式如图 4-3 所示。

	D7	D6	D5	D4	D3	D2	D1	D0
TCON	TF1	TR1	TF0	TR0	IE1	IT1	IE0	IT0
位地址	8FH	—	8DH	—	8BH	8AH	89H	88H

图 4-3　TCON 寄存器的格式

TCON 寄存器中与中断系统有关的各标志位的功能如下。

（1）IT0：选择外部中断请求 0 为边沿触发方式，还是电平触发方式。

IT0=0，为电平触发方式，加到引脚 $\overline{\text{INT0}}$（P3.2）上的中断请求信号为低电平有效。

IT0=1，为边沿触发方式，加到引脚 $\overline{\text{INT0}}$（P3.2）上的中断请求信号为电平从高电平到低电平的负跳变有效。

（2）IE0：外部中断请求 0 的中断申请标志位。

当 IT0=0 时，外部中断请求 0 被设置为低电平触发，CPU 在指令的每个机器周期的 S5P2 采样 $\overline{\text{INT0}}$ 引脚，若 $\overline{\text{INT0}}$ 脚为低电平，则 IE0 置 1，IE0=1 说明外部中断 0 向 CPU 有中断请求，否则 IE0 清零。

当 IT0=1 时，外部中断请求 0 设置为下降沿触发，若第一个机器周期采样到 $\overline{\text{INT0}}$ 为高电平，第二个机器周期采样到 $\overline{\text{INT0}}$ 为低电平时，则 IE0 置 1。IE0 为 1 表示外部中断 0 正在向 CPU 申请中断。否则 IE0 清零。

（3）IT1：选择外部中断请求 1 为边沿触发方式或电平触发方式的控制位，其作用和 IT0 类似。

（4）IE1：外部中断 1 的中断申请标志位。其含义和 1E0 相同。

（5）TF0：片内定时/计数器 T0 的溢出中断请求标志位。

启动 T0 计数后，定时/计数器 T0 从初值开始加 1 计数，当最高位产生溢出时，由硬件使 TF0 置 1，向 CPU 申请中断。CPU 响应 TF0 中断后，TF0 自动清零，TF0 也可以由软件清零。

（6）TF1：片内定时/计数器 T1 的溢出中断请求标志位，功能和 TF0 类似。

TR1 和 TR0 这两位与中断无关，仅与定时/计数器 T1 和 T0 有关，相关内容将在第 5 章定时/计数器中介绍。

2．串行口控制寄存器 SCON

串行口控制寄存器 SCON 的字节地址为 98H，可位寻址。SCON 的低两位存放串行口的发送中断和接收中断的中断请求标志位 TI 和 RI，其格式如图 4-4 所示。

	D7	D6	D5	D4	D3	D2	D1	D0
SCON	—	—	—	—	—	—	TI	RI
位地址	—	—	—	—	—	—	99H	98H

图 4-4 SCON 寄存器的格式

SCON 中各标志位的功能如下。

（1）TI：串行口发送中断请求标志位。CPU 将一字节的数据写入发送缓冲器 SBUF 时，就启动一帧串行数据的发送，每发送完一帧数据，硬件使 TI 自动置 1。CPU 响应串行口发送中断时，并不清除 TI 中断请求标志位，TI 标志位必须在中断服务程序中用指令清零。

（2）RI：串行口接收中断请求标志位。在串行口接收完一帧数据，硬件自动使 RI 中断请求标志位置 1。CPU 在响应串行口接收中断时，RI 标志位并不清零。必须在中断服务程序中用指令清零。

3．中断允许寄存器 IE

MCS-51 的中断属于可屏蔽中断，由片内的中断允许寄存器 IE 控制，IE 的字节地址为 A8H，可位寻址，其格式如图 4-5 所示。

	D7	D6	D5	D4	D3	D2	D1	D0
IE	EA	—	ET2	ES	ET1	EX1	ET0	EX0
位地址	AFH	—	ADH	ACH	ABH	AAH	A9H	A8H

图 4-5 IE 寄存器的格式

IE 寄存器各位的功能如下。

（1）EA：允许/禁止全部中断。EA=0 时，禁止所有中断的响应；EA=1 时，各中断源的响应与否取决于各自中断控制位的状态。

（2）×：保留位，无意义。

（3）ET2：定时计数器 2（8052 型单片微机）的计满回 0 溢出或捕获中断响应控制位。

（4）ES：串行通信接收/发送中断响应控制位。ES=0 时，禁止中断响应；ES=1 时，允许中断响应。

（5）ET1：定时/计数器 1 计满回 0 溢出中断响应控制位。ET1=0 时，禁止中断响应；ET1=1 时，允许中断响应。

（6）EX1：时外部中断 1（$\overline{\text{INT1}}$）中断响应控制位。EX1=0 时，禁止中断响应；EX1=1 时，允许中断响应。

（7）ET0：定时/计数器 0 的计满回 0 溢出中断响应控制位。ET0=0 时，禁止中断响应；ET0=1 时，允许中断响应。

（8）EX0：外部中断 0（$\overline{\text{INT0}}$）中断响应控制位。EX0=0 时，禁止中断响应；EX0=1 时，允许中断响应。

由上可见，MCS-51 的中断响应为两级控制，EA 为总的中断响应控制位，各中断源还有相应的中断响应控制位。

4．中断优先级寄存器 IP

MCS-51 单片机的中断设有两级优先级。每一个中断源均可通过软件设置中断优先级寄存器 IP 中的相应位，编程为两级优先级中的任一级——高优先级或低优先级，置 1 为高优先级；清零为低优先级。正在执行的低优先级中断服务可以被高优先级的中断源中断，但不能被同级或低优先级的中断源中断；正在执行的高优先级的中断服务程序不能被任何中断源中断。两个以上同时请求的中断，CPU 只响应优先级高的中断请求。由于有两级优先级，所以 8051 单片机有两级中断嵌套，两级中断嵌套的过程如图 4-6 所示。

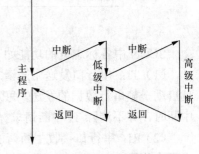

图 4-6　两级中断嵌套的过程

8051 片内有一个中断优先级寄存器 IP，其字节地址为 B8H，可位寻址。IP 寄存器的格式如图 4-7 所示。

	D7	D6	D5	D4	D3	D2	D1	D0
IP	—	—	—	PS	PT1	PX1	PT0	PX0
位地址	—	—	—	BCH	BBH	BAH	B9H	B8H

图 4-7　IP 寄存器的格式

IP 寄存器各位的功能如下。

（1）IP.5、IP.6 和 IP.7：保留位，无定义。

（2）PS：串行通信中断优先级设置位。软件设置 PS=1 时，定义为高优先级中断；设置 PS=0 时，定义为低优先级中断。

（3）PT1：定时/计数器 T1 中断优先级设置位。软件设置 PT1=1 时，定义为高优先级中断；设置 PT1=0 时，定义为低优先级中断。

（4）PX1：外部中断（$\overline{\text{INT1}}$）1 中断优先级设置位。软件设置 PX1=1 时，定义为高优先级中断；设置 PX1=0 时，定义为低优先级中断。

（5）PT0：定时/计数器 T0 中断优先级设置位。软件设置 PT0=1 时，定义为高优先级中断；设置 PT0=0 时，定义为低优先级中断。

（6）PX0：外部中断 0（$\overline{INT0}$）中断优先级设置位。软件设置 PX0=1 时，定义为高优先级中断；设置 PX0=0 时，定义为低优先级中断。

当同时有两个或两个以上优先级相同的中断请求时，由内部按查询优先顺序来确定该响应的中断请求，其优先顺序由高到低顺序排列，如表 4-1 所示。

表 4-1　　　　　　　　　　　　中断优先顺序查询排列

中断请求标志	中断源	优先顺序
IE0	外部中断 0	最高
TF0	定时/计数器 0 溢出中断	
IE1	外部中断 1	
TF1	定时/计数器 1 溢出中断	
RI+TI	串行通信中断	最低

这种"同级内的中断优先顺序"，仅用来确认多个相同优先级中断源同时请求中断时优先响应的顺序，而不能中断正在执行的同一优先级的中断服务程序。

以上所述可归纳为如下基本规则。

（1）任一中断源均可通过对中断优先级寄存器 IP 相应的设置，使其成为高优先级或低优先级。

（2）不同级别中断源同时请求中断时，优先响应高级别中断请求；高级别中断源中断请求可中断正在执行中的低级别中断服务程序，实现两级中断嵌套，同级或低优先级中断源请求不能实现中断嵌套。

（3）同一级别的多个中断源同时请求中断时，按优先顺序查询确定，优先响应顺序高的。

4.3　中断处理过程

通过 4.1 节的学习，不难发现微型计算机的中断过程可以分为 3 个阶段：中断响应、中断处理、中断返回，单片机也是如此。下面对 8051 单片机的中断处理过程进行说明。

4.3.1　中断响应

1．中断响应条件

并不是查询到的所有中断请求都能被 CPU 立即响应，中断响应的条件如下。
- 有中断源发出中断请求。
- 中断全局允许位 EA=1（CPU 开中断）。
- 提出中断的中断源没有被屏蔽，即中断源对应的中断允许位为 1。
- 此时 CPU 并未执行同级或更高级中断服务程序。
- 现行指令执行完毕，即当前的指令周期已结束。
- 若现行指令为 RETI 或者是访问 IE、IP 的指令时，则必须在该指令以及紧跟其后的下一条指令执行完后给予响应。

在系统中，CPU 对满足上述条件的中断请求给予响应。同时 CPU 对中断请求信号还有所制约。例如，CPU 对外部中断信号是每个机器周期采样一次，为此，引脚输入的高电平或低电平必须保持 12 个时钟周期，即最少保持一个机器周期，以确保能被 CPU 采样到。

2. 中断响应操作过程

从中断请求产生到被响应，再从中断响应到中断服务程序的执行是一个复杂的过程，这一整个过程都是在 CPU 的控制下有序进行的。8051 单片机中断响应操作过程有下面 3 种操作。

（1）中断采样。

对于外部中断请求信号，中断采样是唯一可行的办法。CPU 在每个机器周期的 S5P2（第 5 个状态第 2 节拍）对 8051 单片机引脚 P3.2 和 P3.3 进行采样，并根据采样结果确定 TCON 寄存器中响应标志位 IE0 和 IE1 的状态。正是因为采样是直接对中断请求信号进行的，所以对中断请求信号就有一定要求。

● 对于电平触发方式的外部中断，其请求信号的电平至少需要保持 12 个时钟周期，才能确保中断请求被系统接收到。

● 对于边沿触发方式的外部中断，若在两个相邻机器周期采样到的是先为高电平，后为低电平，则中断请求有效，且此低电平保持的时间也应至少为 12 个时钟周期，才能使电平的负跳变被 CPU 采样到。

（2）中断查询。

由于系统所有中断源的中断请求都汇集在控制寄存器 TCON 和 SCON 中。外部中断是通过采样方式锁定于控制寄存器 TCON 中的，而定时/计数器的溢出中断和串行口中断的中断请求都发生在芯片内，CPU 通过查询方式检测控制寄存器 TCON 和 SCON 中各标志位的状态，以确定有没有中断请求发生，以及是哪一个中断请求。中断查询与中断采样一样有严格的时序要求。8051 单片机是在每个机器周期的最后一个状态（S6），按中断优先级顺序对中断请求标志位进行查询。因为中断请求是随机产生的，CPU 无法预知，故在程序执行过程中，中断查询要在指令执行的每一个机器周期中不停地进行。

（3）中断响应。

中断响应的主要内容是由硬件自动生成一条长调用指令 LCALL。指令格式为 LCALL ADDR16，其中 ADDR16 是程序存储器中相应中断服务程序的入口地址。在 8051 单片机中，各中断源中断服务程序的入口地址（又称矢量地址）已由系统设定好了。两相邻中断源中断服务程序的入口地址相距只有 8byte 单元。一般的中断服务程序是容纳不下的，通常在相应的中断服务程序入口地址单元开始放置一条长跳转指令 LJMP，这样就可以转到 64KB 程序存储器的任何可用区域中。例如，用户外部中断 0（$\overline{INT0}$）的服务程序首地址为 INTVS，在外中断 $\overline{INT0}$ 的入口地址 0003H 单元应放一条跳转指令 LJMP   INTVS。程序如下。

```
ORG     0000H
LJMP    MAIN
ORG     0003H
```

```
        LJMP    INTVS
        ......
        ORG     0030H
MAIN:   ......              ;主程序
        ......
INTVS:  ......              ;中断服务子程序
        ......
        RETI
```

必须注意以下几点。

● 在 0000H 单元放一条跳转到主程序的跳转指令。这是因为 MCS-51 单片机在复位后，其 PC 的内容被强迫置成 0000H，所以上电一启动，就执行 0000H 这条指令。

● 在中断服务程序的末尾，必须安排一条返回指令 RETI，CPU 执行完这条指令后，清零响应中断时所置位的优先级状态触发器，然后从堆栈中弹出栈顶中的断点（2 字节），送到程序计数器 PC，使 CPU 从原来的断点处重新执行被中断的程序。

● 由于在中断响应时，CPU 只自动保护断点（压栈），所以 CPU 的其他现场，如寄存器 A、B，状态字 PSW，通用寄存器 R0、R1 等的保护和恢复由用户在中断服务程序中安排。

各中断源中断服务程序的入口地址如表 4-2 所示。

表 4-2　　　　　　　　　　　　中断源中断服务程序入口地址

中断源	中断服务程序入口地址
外部中断 0	0003H
定时/计数器 0 溢出中断	000BH
外部中断 1	0013H
定时/计数器 1 溢出中断	001BH
串行通信中断	0023H

3．中断响应时间

中断响应时间是指从中断源发出中断请求有效（标志置 1）到 CPU 响应中断转向中断服务程序开始处所需的时间（用机器周期表示）。对于不同的中断源，CPU 响应中断的时间不同。51 系列单片机的最短响应时间为 3 个机器周期，其中中断请求标志位查询占 1 个机器周期，因 CPU 在每个机器周期的 S5P2 期间进行查询，所以这个机器周期又恰好是指令的最后一个机器周期。这个机器周期结束后，中断即响应，产生长调用指令 LCALL，而执行这条指令需要 2 个机器周期。由此可知，这时该中断响应需要一个查询机器周期和 2 个 LCALL 指令执行机器周期，合计 3 个机器周期。

遇到中断受阻的情况时，中断响应时间会更长，最长的中断响应时间为 8 个机器周期。该情况发生在中断标志位查询时，CPU 正好是开始执行 RET、RETI 或者是访问 IE、IP 指令，这些指令最长需执行 2 个机器周期。若跟在后面要再执行的一条指令恰巧是 MUL 或 DIV 指令，则又要用 4 个机器周期。再加上执行长调用指令 LCALL 需要 2 个机器周期，这样就需要 8 个机器周期的响应时间。

一般情况下，中断响应时间在 3～8 个机器周期。实际应用中，中断响应时间只有在精确定时的应用时，才需要知道中断响应时间，以实现精确定时控制。

4.3.2　中断处理

CPU 中断响应后，开始转入中断服务程序的入口执行中断服务程序，从中断服务程序的第一条指令开始到 RETI 指令结束，这个过程称为中断处理或中断服务。因各中断源要求服务的内容不同，中断处理过程也不同。8051 中断处理过程包含 3 部分：一是现场保护和现场恢复，二是开中断和关中断，三是中断服务。

现场是指 CPU 在响应中断时，单片机各存储单元的数据或状态。这些数据或状态是在中断返回后，继续执行主程序时需要使用的，因此要把它们保存在堆栈区，这就是现场保护。现场保护一定要放置于中断处理程序的前面。当 CPU 执行完中断服务程序，把保存在堆栈区的现场数据或状态从堆栈中弹出，以恢复存储单元原有内容，就是现场恢复。现场恢复一定要位于中断处理程序的后面。

单片机中的现场保护用 PUSH direct 指令来实现，现场恢复用 POP direct 指令来完成。至于需要保护那些内容，应该由用户根据中断处理程序的情况来决定。

若在执行当前中断程序时要禁止更高优先级中断，则采用软件关闭或屏蔽高优先级中断源中断，在中断返回前再将刚屏蔽的高优先级中断开放。

中断服务是中断的具体目的，是中断处理的核心。CPU 针对中断源的要求进行相应的处理。

4.3.3　中断返回

对于系统的每一个中断源来说，其中断服务程序的最后一条指令必须是 RETI。CPU 执行这条指令时，一方面自动清除中断响应时所置位的"优先级生效"触发器的内容，另一方面从当前栈顶弹出断点地址送入程序计数器 PC，从而返回到断点处重新执行被中断的主程序。若用户在中断服务程序中进行了压栈操作，则在 RETI 指令执行前进行相应的出栈操作，以便使堆栈指针 SP 指向断点地址所存放的单元，即在中断服务程序中，PUSH 指令与 POP 指令必须成对使用，否则不能正确返回到断点处。

4.4　中断响应后中断请求的撤销

中断源提出中断申请，在 CPU 响应此中断请求后，应及时将控制寄存器 TCON 或 SCON 中的中断请求标志位清除（撤销）。否则就意味着中断请求仍然存在，容易造成对中断的重复响应。因此，8051 单片机中断响应后，中断请求的撤销问题就显得重要了。

1．定时/计数器中断请求的撤销

定时/计数器中断响应后，由硬件自动把相应标志位（TF0 或 TF1）清零，因而定时/计数器中断请求信号是自动撤销的，用户无须考虑。

2．边沿触发方式下，外部中断请求的撤销

对外部中断的撤销包含两部分：中断标志位的清零和外部中断请求信号的撤销。其中标志位（IE0 或 IE1）清零同定时/计数器中断一样，也是在中断响应后由硬件自动完成的。而中断请求信号的撤销，由于边沿触发信号的下跳沿产生后会自动消失，所以该中断请求信号也是自动撤销的。

3．电平触发方式下外部中断请求的撤销

电平触发方式时，外部中断的中断标志位也是自动撤销的。而在中断响应后，中断请求信号的低电平可能还存在，故必要时还需在信号引脚外添加辅助电路，以便在中断响应后强制将中断请求信号引脚的低电平变为高电平。

4．串行通信中断软件撤销

串行通信中断的标志位 TI 和 RI 被硬件置 1，响应中断后是不会被硬件自动清零的，所以串行通信中断请求的撤销应使用软件方法，应由用户在中断服务程序中完成。

4.5　MCS-51 单片机的中断应用举例

下面先介绍中断系统的中断程序编写方法，然后举例说明中断程序的应用，以使读者掌握中断系统。

4.5.1　中断服务程序的编写

中断程序的结构及内容与 CPU 对中断的处理过程密不可分，它通常分为两大部分。

1．主程序

（1）设置主程序起始地址。

MCS-51 系列单片机复位后，PC=0000H，而各中断源的入口地址如表 4-2 所示。因 0000H～0002H 只有 3 字节单元，无法写主程序，所以编程时应在 0000H 处写一条转移指令，使 CPU 在执行程序时，从 0000H 跳过各中断源的入口地址，跳转到主程序入口（即复位也相当于一个最高级的中断源，其入口地址为 0000H）。主程序是以跳转到的目的地址为起始地址开始编写的，一般可从 0100H 开始。

（2）初始化内容。

初始化是对将要用到的单片机内部设备或扩展芯片进行初始工作状态设置。当 MCS-51 单片机复位后，中断控制寄存器 IE 和中断优先级寄存器 IP 的内容均为 00H，所以应对 IE、IP 进行初始化编程，以开放中断和设优先级，即允许某些中断源中断和设置中断优先级。

2．中断服务程序

（1）中断服务程序的起始地址。

当 CPU 接收到中断请求信号并给予响应后，CPU 把断点处的 PC 内容（PC 当前值）压入栈中保存，之后转入相应的中断服务程序入口处执行。8051 单片机的中断系统中 5 个中断源的入口地址彼此相距很近，仅为 8 字节，如果中断服务程序很短，且少于等于 8 字节，则可从系统规定的中断服务程序入口地址开始直接编写中断服务程序。通常中断服务程序的容

量远远大于 8 字节，那么应采取与主程序相同的方法，只在对应的入口地址处写一条转移指令，并以转移指令的目的地址为中断服务程序的起始地址进行中断程序编写，当然该目的地址不应落在主程序存储空间中。

（2）中断服务程序编写中的注意事项。

首先，需要进行现场保护；其次，要及时清除那些不能被硬件自动清除的中断请求标志位，以避免产生错误的中断；然后，在中断服务程序中，PUSH 指令与 POP 指令必须成对使用，否则不能正确返回断点处；最后，需注意主程序和中断服务程序之间的参数传递与主程序和子程序的参数传递方式相同。

4.5.2 中断应用举例

1. 外部一个中断方法举例

例 4-1 图 4-8 所示的中断加查询的外部中断源电路，可实现系统的故障显示。图 4-8 中将 P1 口的 P1.0～P1.3 作为外部中断源的输入信号脚，P1.4～P1.7 作为输出信号脚，以驱动 LED 显示。该电路要求系统各部分正常工作时，LED 不显示。而当有某部分出现故障时，相应的输入线由低电平变为高电平，而对应的 LED 灯将显示。（对应关系是 P1.0 对 P1.4，其他类推。）

解： 当图中某部分出现故障时，该相应的输入线由低电平变为高电平，经或非门送到 $\overline{INT1}$ 引脚端，以产生向 8051 的中断请求信号（负跳变），设 8051 单片机外部中断 1 为边沿触发方式。

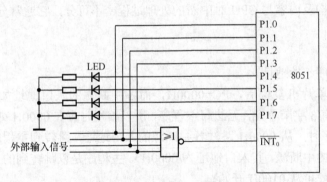

图 4-8　中断加查询电路

在中断服务程序中，应先将各故障信号读入后进行查询，再做出相应的显示。整个程序如下。

```
        ORG    0000H      ;接下来的程序从 0000H 开始存放
        LJMP   MAIN       ;系统上电，执行主程序
        ORG    0013H      ;外部中断 1 入口地址
        LJMP   LOOP       ;转移到中断服务程序
MAIN:   MOV    P1，#00H    ;P1 口复位，清中断和显示
        SETB   EX1        ;允许 INT1 中断
        SETB   IT1        ;INT1 中断选用边沿触发方式
        SETB   EA         ;CPU 开中断
```

```
HALT:    SJMP    HALT           ;等待中断
LOOP:    JNB     P1.0，L1        ;查询中断源，若 P1.0=0，则转移到 L1
         SETB    P1.4           ;P1.0=1 时，置 P1.4=1，使相应的 LED 灯显示
  L1:    JNB     P1.1，L2        ;查询中断源，若 P1.1=0，则转移到 L2
         SETB    P1.5           ;P1.1=1 时，置 P1.5=1，使相应的 LED 灯显示
  L2:    JNB     P1.2，L3        ;查询中断源，若 P1.2=0，则转移到 L3
         SETB    P1.6           ;P1.2=1 时，置 P1.6=1，使相应的 LED 灯显示
  L3:    JNB     P1.3，L4        ;查询中断源，若 P1.3=0，则转移到 L4
         SETB    P1.7           ;P1.3=1 时，置 P1.7=1，使相应的 LED 灯显示
  L4:    RETI                   ;中断返回
         END
```

2．外部两个中断同时存在举例

练习编写两个外部中断同时存在的实例程序。当两个中断同时存在，要掌握它的程序编写技巧是不难的，因为它的程序编写技巧和一个中断存在时是相似的。

例 4-2　正常时，LED 灯呈现霓虹灯的显示效果（首先灯左右流水），当外部中断 0 发生时（键按下），第 1、第 3、第 5、第 7 灯为一组闪烁，第 0、第 2、第 4、第 6 为一组闪烁。当外部中断 1 发生时，低 4 位灯为一组闪烁，高 4 位灯为一组闪烁。电路连接图如图 4-9 所示。

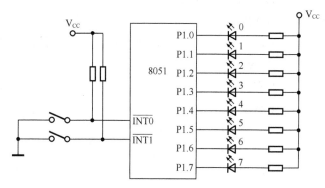

图 4-9　霓虹灯电路图

程序如下。

```
         ORG     0000H
         LJMP    MAIN
         ORG     0003H
         LJMP    EXT0
         ORG     0013H
         LJMP    EXT1
MAIN:    MOV     IE，#85H           ;主程序
         MOV     IP，#01H
```

```
              CLR     C
              MOV     P1, #0FFH
              MOV     R1, #08
              MOV     R2, #07
MAIN1:  MOV     A, #0FFH
LOOP1:  RLC     A                         ;左移
              MOV     P1, A
              LCALL   DELAY1
              DJNZ    R1, LOOP1
LOOP2:  RRC         A                     ;右移
              MOV         P1, A
              LCALL       DELAY1
              DJNZ        R2, LOOP2
LOOP3:  MOV         DPTR, #TAB        ;霓虹灯开始
LOOP4:  CLR         A
LOOP5:  MOVC        A, @A+DPTR
LOOP6:  MOV         P1, A
              LCALL       DELAY4
              INC         DPTR
              CJNE        A, #00H, LOOP4
              AJMP        MAIN
EXT0:   PUSH        ACC               ;外部中断 0 的中断服务程序
              PUSH        PSW
              CLR         RS1
              SETB        RS0
              MOV         A, #55H
              MOV         58H, #10
LOOP11: MOV        P1, A
              LCALL       DELAY1
              CPL         A
              DJNZ        58H, LOOP11
              POP         PSW
              POP         ACC
              RETI
EXT1:   PUSH        ACC               ;外部中断 1 的中断服务程序
              PUSH        PSW
              SETB        RS1
              SETB        RS0
              MOV         A,#0F0H
```

```
              MOV       59H, #10
LOOP12: MOV       P1，A
              LCALL     DELAY1
              CPL       A
              DJNZ      59H,LOOP12
              POP       PSW
              POP       ACC
              RETI
DELAY1:MOV       40H，#20           ;延时 200ms 子程序
    D2: MOV       41H，#20
    D3: MOV       42H，# 248
              DJNZ      42H,$
              DJNZ      41H,D3
              DJNZ      40H,D2
              RET
DELAY4:MOV       50H，#10           ;延时 100ms 子程序
    D5: MOV       51H，#20
    D6: MOV       52H，# 248
              DJNZ      52H,$
              DJNZ      51H,D6
              DJNZ      50H,D5
              RET
TAB:     DB 11111111B，11111110B，11111100B，11111000B     ;霓虹灯数据表
         DB 11110000B，11100000B，11000000B，10000000B
         DB 10000000B，11000000B，11100000B，11110000B
         DB 11110000B，11111100B，11111110B，11111111B
         DB 0CFH,0F3H，3FH,0FCH
         DB 0FEH,0FDH,0FBH,0F7H,0EFH,0DFH,0BFH,7FH
         DB 7EH,7DH,7BH,77H,6FH,5FH,3FH,3EH,3DH,3BH
         DB 37H,2FH,1FH,1EH,1DH,1BH,17H,0FH,0EH,0DH
         DB 0BH,07H,06H,05H,03H,02H,01H,01H
         DB 01H,03H
         DB 07H,0FH,00H
```

4.6　外部中断源扩展

MCS-51 有两个外部中请求输入端 $\overline{INT0}$ 和 $\overline{INT1}$。但在实际应用系统中，若系统所需的外部中断源有两个以上，就需要扩展外部中断源，下面讨论扩展中断源的两种方法。

4.6.1 利用定时器扩展外部中断源

在 8051 单片机的应用中，若需要的外部中断源是两个以上，且定时/计数器尚有多余时，可利用定时/计数器以计数工作方式实现外部中断。当 P3.4（T0）和 P3.5（T1）引脚上发生负跳变时，T0 和 T1 计数器加 1。利用这个特性，可以把 P3.4 和 P3.5 引脚作为外部中断请求源，而定时器的溢出中断作为外部中断请求标志，具体参照第 5 章的例 5-4。

例如，设 T0 为模式 2 外部计数方式，时间常数为 0FFH，允许中断。其初始化程序如下。

```
MOV     TMOD,  #06H      ;设 T0 为模式 2，计数器方式工作
MOV     TL0,   #0FFH     ;时间常数 0FFH 分别送入 TL0 和 TH0
MOV     TH0,   #0FFH
MOV     IE,    #82H      ;允许 T0 中断
SETB    TR0             ;启动 T0 计数
```

当接到 P3.4 引脚上的外部中断请求输入发生负跳变时，TL0 加 1 溢出，TF0 被置位，向 CPU 提出中断申请。同时 TH0 的内容自动送入 TL0，使 TL0 恢复初值 0FFH。这样，每当 P3.4 引脚上有一次负跳变，就向 CPU 提出中断申请，这样 P3.4 引脚就相当于边沿触发的外部中断源。P3.5 引脚同理。

4.6.2 中断加查询扩展外部中断源

在所需的外部中断源超过两个以上时，还可以利用 8051 的两个外部中断输入引脚线。每一条输入线都可以通过 OC 门"线与"实现扩展多个外部中断源的目的。多个外部中断源的具体电路如图 4-10 所示。

图 4-10 中的 4 个中断源通过集电极开路的 OC 门构成"线与"关系，各中断源的中断请求信号均由 $\overline{INT0}$ 引脚输入后送给 CPU。无论哪一个外设提出中断请求，都会使 $\overline{INT0}$ 引脚电平变低，CPU 中断响应后转到程序存储器的 0003H 地址单元执行中断服务程序。通常在中断服务程序中首先要查询扩展中断源，即通过查询 P1.0～P1.3 的逻辑电平来知道是哪个中断源发出中断申请。查询的顺序根据扩展外部中断源的优先级顺序设置，中断源 1 的优先级最高，中断源 4 的优先级最低。

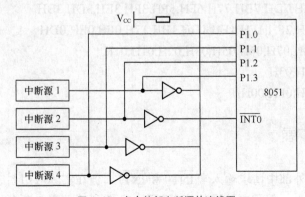

图 4-10 多个外部中断源的连线图

图 4-10 的中断服务程序的有关片段如下。

```
        ORG     0003H
        LJMP    INTR0
INTR0:  PUSH    PSW             ;保护现场
        PUSH    ACC
        JB      P1.3，DV1        ;转到中断源 1 的中断服务程序
        JB      P1.2，DV2        ;转到中断源 2 的中断服务程序
        JB      P1.1，DV3        ;转到中断源 3 的中断服务程序
        JB      P1.0，DV4        ;转到中断源 4 的中断服务程序
EXIT:   POP     ACC             ;恢复现场
        POP     PSW
        ETI
```

习题

1. 什么是中断、中断源和中断系统？在单片机中，中断能实现哪些功能？
2. 简述外部中断请求的查询和响应过程。如何进行外部中断源的扩展？
3. 中断响应的条件是什么？
4. 8051 单片机有哪些中断源？分成几个优先级？如何控制其中断请求？
5. 8051 单片机中断响应时间是否固定？为什么？
6. 中断服务子程序返回指令 RETI 和普通子程序返回指令 RET 有什么区别？
7. 在 MCS-51 中，哪些中断可以随着中断被响应而自动撤销？哪些中断需要用户撤销？撤销的方法是什么？
8. 下面说法正确的是（   ）。
    A. 同一时间同一级别的多中断请求，将形成阻塞，系统将无法响应
    B. 同一级别的中断请求按时间的先后顺序来响应
    C. 低优先级的中断请求不能中断高优先级的中断请求，但是高优先级的中断请求能中断低优先级的中断请求
    D. 同级别的中断不能嵌套
9. 8051 有哪几种扩展外部中断源的方法？各有什么特点？
10. 编写中断服务程序时应该注意哪些问题？

第5章　MCS-51单片机的定时/计数器

典型的微型计算机，其定时/计数功能是由专用的集成芯片提供的。MCS-51 系列单片机打破了典型微型计算机按逻辑功能划分集成芯片的体系结构，把定时/计数功能集成到单片机内部，从而充分体现出单片微机的结构特点。

由于单片机面向测控系统，因此常要求单片机提供实时功能，以实现定时、延时或实时时钟，也常要求有计数功能，以实现对外部事件进行计数。为此，MCS-51 单片机内部有两个 16 位定时/计数器，简称定时器 0（T0）和定时器 1（T1）。它们均可以用作定时器或计数器，除此之外还可作为串行接口的波特率发生器，这些功能都可以通过设置相关寄存器来实现。本章主要介绍 8051 单片机内部定时/计数器的结构、工作原理和应用。

5.1　定时/计数器概述

5.1.1　MCS-51 定时/计数器的结构

MCS-51 单片机的定时/计数器的核心是一个 16 位的加 1 计数器，提供给计数器实现加 1 的信号脉冲有两个来源：一是由外部事件提供的计数脉冲通过引脚 Tx（$x=0$、1）端口送加 1 计数器，由于送入信号的频率不固定，此时称之为计数器；另一个则由单片机内部时钟脉冲经 12 分频（机器周期）后送加 1 计数器。这时送入的信号频率固定，称为定时器。

定时/计数器的基本结构如图 5-1 所示。

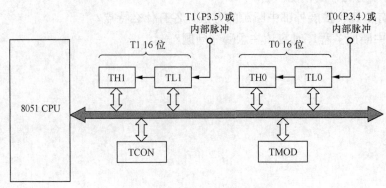

图 5-1　定时/计数器的基本结构

5.1.2 MCS-51 定时/计数器的基本原理

计数功能是指对外部事件进行计数。外部事件的发生是以输入脉冲形式来表示的，因而计数功能的实质是对外来脉冲的计数。当 T0（P3.4）和 T1（P3.5）的引脚上有负跳变的脉冲信号输入时，其对应的计数器进行加 1 计数。CPU 在每个机器周期的 S5P2 节拍对外来脉冲信号进行采样，若为有效计数脉冲，则在下一个周期的 S3P1 节拍进行计数。由此可见，对外部事件计一次数至少需要两个机器周期，所以在应用时，必须注意外来脉冲的频率不能大于振荡脉冲频率的 1/24。

定时功能也是通过计数器的计数来实现的。它的计数脉冲与计数方式不同，定时功能所需的脉冲来自于单片机内部的机器周期，也就是每过一个机器周期，计数器进行加 1 计数。由于一个机器周期固定等于 12 个振荡脉冲周期，即在定时方式下，计数频率为振荡脉冲频率的 1/12。

初值的加载在定时/计数器的应用中是个关键，由于加法计数器是加 1 计数并且计满溢出时才申请中断，所以在给计数器赋初值时不能直接输入所需的计数值，而应输入计数器计数的最大值与需要的计数值的差值。设最大计数值为 M，需要的计数值为 N，初值设为 X，则 X 的计算方法如下。

定时工作方式时的初值为：$X=M-$ 定时时间 $/T$；其中 $T=12*$ 振荡周期。

计数工作方式时的初值为：$X=M-N$。

5.2 定时/计数器的控制

8051 单片机设有两个特殊功能寄存器 TMOD 和 TCON（对 8052 而言，还有一个用于定时/计数器 2 的 T2CON 寄存器）用来定义定时/计数器的工作方式及其控制功能的实现。每当执行一条改变上述特殊功能寄存器内容的指令时，其改变内容将锁存于特殊功能寄存器中，而在下一条指令的第一个机器周期的 S1P1 生效。

5.2.1 定时/计数器的工作模式控制寄存器 TMOD

工作模式寄存器 TMOD 用于定义定时/计数器的操作方式及工作模式，其地址为 89H，不能位寻址。其格式如图 5-2 所示，其中高 4 位用于定时/计数器 T1，低 4 为用于定时/计数器 T0，对应的功能相同。

	D7	D6	D5	D4	D3	D2	D1	D0
TMOD	GATE	C/$\overline{T}$	M1	M0	GATE	C/$\overline{T}$	M1	M0

定时/计数器 T1　　　　　　　　定时/计数器 T0

图 5-2 TMOD 寄存器

TMOD 中各位的含义如下。

（1）M1、M0：工作模式控制位。这两位可组合成 4 种编码，对应 4 种工作模式，详见表 5-1。

表 5-1   **M1、M0 控制的 4 种工作模式**

M1	M0	工作模式	功能说明
0	0	模式 0	13 位定时/计数器，TH 8 位和 TL 中的低 5 位
0	1	模式 1	16 位定时/计数器
1	0	模式 2	自动装载计数初值的 8 位定时/计数器
1	1	模式 3	T0 分成两个独立的 8 位计数器，T1 没有此模式

（2）$C/\overline{T}$：计数方式或定时方式选择控制位。

$C/\overline{T}=0$，将定时/计数器设置为定时方式，即对机器周期进行计数。

$C/\overline{T}=1$，将定时/计数器设置为计数方式，即对 T0（P3.4）或 T1（P3.5）引脚输入的脉冲进行计数。

（3）GATE：定时/计数器门控位。

GATE=1 时，只有 P3.2 引脚 $\overline{INT0}$（或 P3.3 引脚 $\overline{INT1}$）为高电平并且 TR0（或 TR1）置 1 时，相应的定时/计数器 T0（或 T1）才能启动工作。也就是说 T0（或 T1）需要两个信号来启动，这点可以参考 5.3 节的各工作模式电路图。

GATE=0 时，只要用软件将 TR0（或 TR1）置 1，T0（或 T1）就被选通，以启动定时/计数器。

5.2.2 定时/计数器的控制寄存器 TCON

定时/计数器控制寄存器 TCON 的字节地址为 88H，除了可字节寻址外，各位还可位寻址。寄存器 TCON 的格式如图 5-3 所示。

	D7	D6	D5	D4	D3	D2	D1	D0
TCON	TF1	TR1	TF0	TR0	IE1	IT1	IE0	IE1
位地址	8FH	8EH	8DH	8CH	8BH	8AH	89H	88H

图 5-3 TCON 寄存器的格式

（1）TF1：定时/计数器 1 溢出中断请求标志位。当定时/计数器 1 计数回 0 并产生溢出信号时，由内部硬件置位 TF1（TF1=1），向 CPU 请求中断；当 CPU 响应中断转向该中断服务程序执行时，由内部硬件自动清零（TF1=0）。

（2）TR1：定时/计数器 1 启/停控制位。由软件置位/复位控制定时/计数器 1 的启动/停止运行。

（3）TF0：定时/计数器 0 溢出中断请求标志位。当定时/计数器 0 计数回 0 并产生溢出信号时由内部硬件置位 TF0，向 CPU 请求中断；当 CPU 响应中断转向该中断服务程序执行时，由内部硬件自动清零。

（4）TR0：定时/计数器 0 启/停控制位。由软件置位/复位控制定时/计数器 1 的启动/停止运行。

TCON 的其余 4 位与外部中断有关，在前一章已经介绍了。

5.3 定时/计数器的工作模式及应用

8051 单片机的定时/计数器 T0 有 4 种工作模式，定时/计数器 T1 有 3 种工作模式，其模式的选择由特殊功能寄存器 TMOD 中的 M1 和 M0 位控制，并且定时/计数器 T1 的 3 种工作模式和定时/计数器 T0 的前 3 种工作模式完全相同。

5.3.1 工作模式 0 及应用

1. 工作模式 0 介绍

工作模式 0 采用 13 位计数器方式，它由 TL0 寄存器的低 5 位（TL0 的高 3 位保留不用）和 TH0 寄存器的 8 位共同构成 13 位定时/计数器。其逻辑结构如图 5-4 所示，在这种模式下，当 TL0 的低 5 位溢出时，向 TH0 进位；TH0 溢出时，向中断标志位 TF0 进位（硬件置位 TF0），并申请中断。

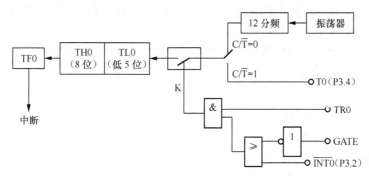

图 5-4 定时/计数器 T0 的工作模式 0 逻辑结构图

在图 5-4 中，当 C/$\overline{T}$=0 时，控制开关接通振荡器 12 分频输出端，T0 对机器周期计数，即这时 T0 工作在定时方式。其定时时间为：

$$t=（2^{13}-T0\ 初始值）*振荡周期*12$$

当 C/$\overline{T}$=1 时，内部控制开关使外部引脚 P3.4（T0）与 13 位计数器相连，外部计数脉冲由引脚 P3.4（T0）输入，当外部信号电平发生由 1 到 0 的跳变时，计数器加 1。这时，T0 工作在对外部事件计数方式，即工作在计数方式。其计数最大长度为 2^{13}=8192 个外部脉冲。

定时/计数器启动、停止的信号主要由门控位 GATE 和运行控制位 TR0 控制。

当 GATE=0 时，图 5-4 中的或门输出总是 1，这样封锁了引脚 $\overline{INT0}$（P3.2）的信号。TR0=1 时，与门输出为 1，控制开关 K 闭合，定时/计数器从 T0 中的初值开始计数，直到溢出。TR=0 时，封锁与门，控制开关 K 断开，定时/计数器无计数脉冲，停止工作。

当 GATE=1 时，或门输出状态由 $\overline{INT0}$ 控制，当 $\overline{INT0}$=1 时，或门输出为 1，TR0=1 时，与门输出为 1，控制开关 K 闭合，定时/计数器从 T0 中的初值开始计数，直到溢出。TR=0 时，封锁与门，控制开关 K 断开，定时/计数器无计数脉冲，停止工作。当 $\overline{INT0}$=0 时，或门输出为 0，此时无论 TR0 为何状态，与门输出一直为 0，控制开关 K 断开，定时/计数器停止工作。

2. 工作模式 0 的应用

例 5-1 利用定时/计数器 T0 以工作模式 0 产生周期 2ms 的连续方波信号，采用中断方式控制并由引脚 P1.0 口输出，设单片机的晶振频率为 12MHz。

采用中断方式能提高 CPU 的效率。

（1）求定时器的初值。

由于要产生 2ms 的方波并由 P1.0 口输出，即要使引脚 P1.0 每隔 1ms 改变电平，故定时时间为 1ms。由定时时间公式

$$t = （2^{13} - T0\ 初值）*振荡周期*12$$

其中，t=1ms，振荡周期=1/12MHz=1/12μs，代入上式 1000=（8196−T0 初值）*1/12*12 得出 T0 初值=7192D=11100000 11000B，则 TH0=11100000B=E0H，TL0 的高 3 位默认为 000，故 TL0=00011000B=18H。

（2）定时/计数器的初始化。

根据题目要求使用 T0 工作模式 0 做定时器用，故设置 TMOD 中 T0 对应的 M1M0=00，$C/\overline{T}$=0，GATE=0 定时/计数器 T0 的启动停止由 TR0 控制，由于 T1 没有用，所对应的 4 位设为 0000，故 TMOD=00H。

采用中断方式，还要开 T0 的中断，设置 T0 中断允许标志位 ET0=1，并同时设置全局中断允许 EA=1，故 IE=82H。

（3）程序编写如下。

```
            ORG     0000H
            AJMP    MAIN
            ORG     000BH               ;T0 中断入口
            LJMP    T0INT
            ORG     0200H
MAIN:  MOV     TMOD, #00H          ;定时器 T0 初始化为模式 0
            MOV     TL0, #18H           ;送定时初值
            MOV     TH0, #0E0H
            MOV     IE,#82H             ;T0 开中断 EA=1，ET0=1
            SETB    TR0                 ;启动定时器 0
LOOP:  SJMP    LOOP                ;等 T0 定时器中断
            ORG     0300H               ;真正的中断服务程序入口
T0INT: CPL     P1.0
            MOV     TL0, #18H           ;给 T0 重新赋初值
            MOV     TH0, #0E0H
            RETI
            END
```

5.3.2 工作模式 1 及应用

1. 工作模式 1 简介

定时/计数器模式 1 采用 16 位计数方式，如图 5-5 所示，其结构与操作几乎与模式 0 完全相同，唯一的差别是：在模式 1 中，寄存器 TH0 和 TL0 是以全部 16 位参与工作。这样，8051 单片机的模式 1 能完成模式 0 的所有工作。而 MCS-51 单片机中还设有模式 0，这是要

考虑到要向下（MCS-48 单片机）兼容，因为 MCS-48 单片机的定时/计数器是 13 位的。

工作模式 1 用于定时工作时，定时时间为

$$t = (2^{16} - T0\ 初始值) * 振荡周期 * 12$$

工作模式 1 用于计数工作时，计数最大长度为 $2^{16} = 65536$ 个外部脉冲。

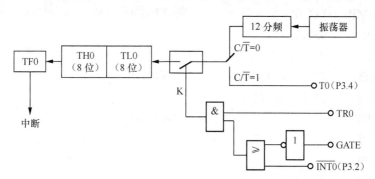

图 5-5　定时/计数器 T0 的工作模式 1 逻辑结构图

2．工作模式 1 的应用

例 5-2　利用定时/计数器 T1 产生 25Hz 的方波，由引脚 P1.1 口输出，设单片机的晶振频率为 12MHz，要求采用中断方式和查询方式两种。

（1）求定时器的初值。

无任是采用中断方式，还是采用查询方式，根据题目要求要产生 25Hz 的方波，得周期为 1/25Hz=40ms，两种方式都要采用定时器定时 20ms，而 40ms 的方波，即每隔 20ms 改变一下引脚 P1.1 的电平得到 25Hz 的方波。根据工作模式 1 的求初值公式：

$t = (2^{16} - T0\ 初始值) * 振荡周期 * 12$，其中 t=20ms，振荡周期=1/12MHz=1/12μs，代入上式 20000=（65536−T1 初值）*1/12*12 得出 T1 初值=45536D=B1E0H。

（2）定时/计数器的初始化。

根据题目要求使用 T1 工作模式 1 做定时器用，故设置 TMOD 中 T1 对应的 M1M0=01，$C/\overline{T}$=0，GATE=0 定时/计数器 T1 的启动停止由 TR1，由于 T0 没有用，所对应的 4 位设为 0000，故 TMOD=10H。

采用中断方式，还要开 T1 的中断，设置 T1 中断允许标志位 ET1=1，并同时设置全局中断允许 EA=1，故 IE=88H。

采用查询方式无须设置中断允许寄存器。

（3）程序编写如下。

采用中断方式

```
          ORG     0000H
          AJMP    MAIN
          0RG     001BH           ;T1 中断服务入口
          LJPM    T1INT
          ORG     0200H
MAIN:     MOV     TMOD, #10H      ;设 T1 工作模式为模式 1
```

```
        MOV     IE，#88H              ;开 T1 中断
        MOV     TL1,#0E0H            ;给 T1 赋初值
        MOV     TH1,#0B1H
        SETB    TR1                  ;启动 T1 定时
LOOP:   SJMP    LOOP                 ;等 T1 中断
        ORG     0300H
T1INT:  CPL     P1.1
        MOV     TL1,#0E0H            ;重新赋初值
        MOV     TH1,#0B1H
        RETI                         ;中断返回
        END
采用查询方式
        ORG     0200H
        MOV     TMOD, #10H           ;设 T1 工作模式为模式 1
        MOV     TL1,#0E0H            ;给 T1 赋初值
        MOV     TH1,#0B1H
        SETB    TR1                  ;启动定时器 T1
LOOP:   JNB     TF1, LOOP            ;查询 TF1，等待定时时间到
        CLR     TF1                  ;软件清中断标志位 TF1
        MOV     TL1,#0E0H            ;重新赋初值
        MOV     TH1,#0B1H
        CPL     P1.1
        SJMP    LOOP                 ;跳回查询处等待下一次定时时间到
        END
```

5.3.3 工作模式 2 及应用

1. 工作模式 2 介绍

工作模式 0 和工作模式 1 这两种模式计数器的共同特点是计数器溢出后为 0。因此，在需要循环定时或循环计数的应用场合中需重复置计数初值。这既影响定时的精度，又给程序设计增加了麻烦。而模式 2 把 TL0 设置成一个可以自动重装载的 8 位定时/计数器，这种工作模式可以省去用户软件重新装入初值的指令，这样可以产生相当精确的定时时间。模式 2 的结构如图 5-6 所示。

TL0 计数溢出时，不仅使溢出中断标志位 TF0 置 1，而且还自动把 TH0 中的内容重新装载 TL0 中。这时，16 位计数器被拆成两个，TL0 用作 8 位计数器，TH0 用于保存初值。

在程序初始化时，TL0 和 TH0 由程序初始化相同的初值。一旦 TL0 计数溢出，不仅置位 TF0，而且发出信号将 TH0 中的初值再自动装入 TL0，继续计数，循环重复。

工作模式 2 用于定时工作时，定时时间为

$$t=（2^8-T0 \text{ 初始值}）*振荡周期*12$$

工作模式 2 用于计数工作时，计数最大长度为 $2^8=256$ 个外部脉冲。

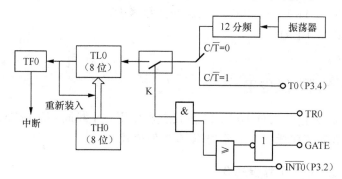

图 5-6 定时/计数器 T0 的工作模式 2 逻辑结构图

2. 工作模式 2 的应用

例 5-3 利用定时/计数器 T0 的工作模式 2 对外部脉冲信号计数，要求每计满 50 个脉冲数，寄存器 R0 加 1，并且引脚 P1.0 取反。

（1）求计数器的初值。

根据计数器求初值公式 $X=M-N$，其中 $M=2^8=256$，N 为要计数的值，即 $N=50$。

所以 $X=256-50=206D=CEH$，故 TL0 的初值为 CEH，而初值备份寄存器 TH0 的值也是 CEH。

（2）定时/计数器的初始化。

根据题目要求使用 T0 工作模式 2 做计数器用，故设置 TMOD 中 T0 对应的 M1M0=10，$C/\bar{T}=1$，GATE=0 定时/计数器 T0 的启动停止由 TR0 控制，由于 T1 没有用，所对应的 4 位设为 0000，故 TMOD=06H。

采用中断方式，还要开 T0 的中断，设置 T0 中断允许标志位 ET0=1，并同时设置全局中断允许 EA=1，故 IE=82H。

外部脉冲信号由 T0（P3.4 引脚）输入，每发生一次负跳变计数器加 1，每输入 50 个脉冲，计数器产生溢出中断，在中断服务程序中将寄存器 R0 加 1，并将 P1.0 取反溢出。

（3）程序编写如下。

```
            ORG     0000H
            AJMP    MAIN
            ORG     000BH           ;定时/计数器 T0 的中断入口地址
            INC     R0              ;具体中断服务程序
            CPL     P1.0
            RETI
            ORG     0200H
MAIN:       CLR     R0              ;R0 清零
            MOV     TMOD, #06H      ;设 T0 为工作模式 2
            MOV     IE, #82H        ;开 T0 的中断
            MOV     TL0, #0CEH      ;给 T0 赋初值
```

```
            MOV      TH0, #0CEH
            SETB     TR0                    ;启动计数器 T0
HERE:       SJPM     HERE
            END
```

5.3.4 工作模式 3 及应用

前面介绍的 3 种工作模式对 T0 和 T1 的设置和使用完全相同。而工作模式 3 和前面 3 种大不相同，其中 T0 有工作模式 3，而 T1 没有工作模式 3。

1. 定时/计数器 T0 的工作模式 3

若将 T0 设置为工作模式 3，则 TL0 和 TH0 被分成两个相互独立的器件，一个 8 位定时/计数器和一个 8 位定时器，其逻辑结构如图 5-7 和图 5-8 所示。

如图 5-7 所示，TL0 用作 8 位定时/计数器的计数寄存器。其工作的设置和使用和模式 0、模式 1 的区别不大，只是定时/计数的能力变小。和模式 2 的区别为 TL0 的模式 3 没有自动装载初值的功能。

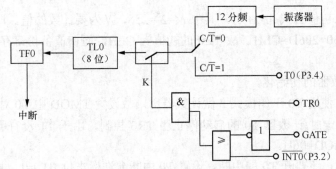

图 5-7　定时/计数器 T0 的工作模式 3 逻辑结构图（TL0）

T0 工作模式 3 的 TL0 用于定时工作时，定时时间为

$$t = (2^8 - T0\ 初始值) * 振荡周期 * 12$$

T0 工作模式 3 的 TL0 用于计数工作时，计数最大长度为 $2^8 = 256$ 个外部脉冲。

如图 5-8 所示，TH0 用作 8 位定时器的计数寄存器，其启动和停止仅由 TR1 控制，定时器的计数脉冲仍然是振荡频率的 12 分频。当 8 位计数器计数满溢出时，它置位 TF1。也就是说定时/计数器 T0 的 TH0 在工作模式 3 使用了定时/计数器 T1 相关控制寄存器的位（TR1、TF1）。这样的话，当 T0 工作在模式 3 时，定时/计数器 T1 的模式 0、模式 1、模式 2 将不能作为定时和计数功能使用，因为其定时/计数器的启动停止 TR1 和溢出中断请求标志位 TF1 都被 T0 用了。

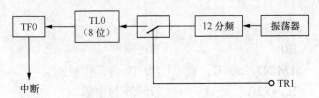

图 5-8　定时/计数器 T0 的工作模式 3 逻辑结构图（TH0）

2. T0 工作在模式 3 下的 T1 的工作情况

综上所述，当定时/计数器 T0 工作在模式 3 时，因为 T0 使用了 T1 的启动停止位 TR1 和溢出中断请求标志位 TF1，所以这时的 T1 虽然可以设置为模式 0、模式 1、模式 2，但是又没有溢出中断请求标志位 TF1 可用了，故这时 T1 的模式 0、模式 1、模式 2 不再作为定时/计数器，而是通常用作串行口的波特率发生器，用于确定串行通信的速率（详见第 6 章），其逻辑结构图如图 5-9 所示。

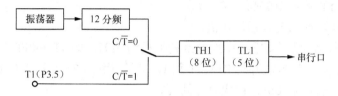

（a）定时 / 计数器 T1 工作模式 0

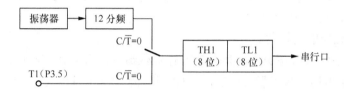

（b）定时 / 计数器 T1 工作模式 1

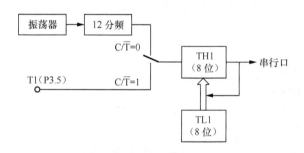

（c）定时 / 计数器 T1 工作模式 2

图 5-9　T0 工作在模式 3 时 T1 的各种工作方式的逻辑结构图

T1 做串行口的波特率发生器使用时，只要设置好了工作方式，便能自行运行工作。若要停止其工作，可以写一条指令使模式寄存器 TMOD 中的 T1 模式控制位 M1M0=11，即使 T1 为模式 3。因为定时/计数器 T1 不具备模式 3，如果强行将它设置成工作模式 3，T1 就会立即停止工作。

3. 工作模式 3 的应用

例 5-4　假设 8051 单片机的两个外部中断源已经被用户使用了，并且用户系统已经将定时/计数器 T1 设为模式 2 作为串行口波特率发生器，现在要求能再增加一个外部中断源（不能增加其他硬件），并且同时能在 P1.0 口输出一个 10kHz 的方波。设单片机的晶振频率为

12MHz。

由题意知道 T1 已经被用为串行口波特率发生器了，而题目要求在增加一个外部中断源的同时还要产生一个 10kHz 的方波。故在不增加其他硬件的前提下，可以把定时/计数器 T0 设为工作模式 3，利用外部引脚 T0（P3.4）作为一个外部中断源输入脚。要达到这个效果，需要把定时/计数器 T0 的 TL0 值预置为 FFH，这样在引脚 T0（P3.4）出现由 1 到 0 的负跳变时，TL0 立即溢出，向 CPU 申请中断，相当于一个边沿触发方式的外部中断源。同时，当把 T0 设为工作模式 3 时，定时/计数器 T0 的 TH0 能独立作为一个 8 位定时器使用，故用 TH0 定时来控制引脚 P1.0 输出 10kHz 的方波。

（1）求定时/计数器、定时器的初值。

根据以上分析，定时/计数器 T0 的 TL0 初值设为 FFH，即 TL0=0FFH。

由于要产生 10kHz 的方波并有 P1.0 口输出，即要使引脚 P1.0 每隔 T=1/2 *1/10kHz=50μs 改变电平，故定时时间为 50μs。由定时时间公式

$$t =（2^8 - \text{T0 初值}）* 振荡周期 * 12$$

其中，t =50μs，振荡周期=1/12MHz=1/12μs，代入上式 50=（256-T0 初值）*1/12*12 得出 T0 初值=206D=CEH，则 TH0=0CEH。

（2）定时/计数器的初始化。

根据题意使用 T0 工作模式 3，其中 TL0 作计数器用，TH0 作定时用，T1 的模式 2 作为串行口波特率发生器用。故设置 TMOD 中 T0 对应的 M1M0=11，C/$\overline{\text{T}}$=1，GATE=0 定时/计数器 T0 的启动停止由 TR0 控制，TMON 中 T1 对应的 M1M0=10，C/$\overline{\text{T}}$ 和 GATE 没用都设为 0，故 TMOD=27H。

采用中断方式，还要开 T0 和 T1 的中断、两个外部中断和串行口中断，故设置 IE=9EH，所有的中断都开放。

（3）程序编写如下。

```
            ORG     0000H
            AJMP    MAIN
            ORG     0003H           ;外部中断 0 的入口
            LJMP    INT0
            ORG     000BH           ;定时/计数器 T0 的中断入口
            LJMP    TL0INT
            ORG     0013H           ;外部中断 1 的入口
            LJMP    INT1
            ORG     001BH           ;定时/计数器 T1 的中断入口
            LJMP    TH0INT
            ORG     0100H
    MAIN:   MOV     TL0, #0FFH
            MOV     TH0, #0CEH      ;TH0 定时的初值
            MOV     TL1, #BAUD      ;BAUD 根据题目的波特率要求设置
            MOV     TH1, #BAUD
            MOV     TMOD, #27H      ;置 T0 为工作模式 3，其中 T0 的 TL0 工作
```

```
                                        ;于计数方式，T1 为工作模式 2
            MOV    IE，#9FH             ;开所有的中断
            MOV    TCON，#55H           ;设外部中断 0、1 为边沿触发方式
                                        ;并启动 T0、T1
            ORG    0200H
   TL0INT:  MOV    TL0，#0FFH
            ……                         ;外加中断源的中断服务程序
            RETI
            ORG    0300H
   TH0INT:  CPL    P1.0                 ;T0 定时中断服务程序，产生 10kHz 方波
            MOV    TH0，#0CEH
            RETI
            END
   INT0:    ……                         ;外部中断 0 的中断服务程序
            RETI
   INT1:    ……                         ;外部中断 1 的中断服务程序
            RETI
            END
```

5.4　定时/计数器综合应用

例 5-5　利用单片机设计产生 1s 的定时程序，设单片机的晶振频率为 6MHz，定时 1s 的程序是设计数字钟的基础。

分析：由 8051 单片机的定时原理我们知道，定时实际上是对机器周期计数。8051 单片机的定时/计数器的 4 种工作模式的计数能力分别是：模式 0 最大计数为 8192，模式 1 最大计数为 65536，模式 2 最大计数为 256，模式 3 最大计数为 256。故当单片机的晶振频率为 6MHz 时，机器周期即为 12*1/6=2μs。所以：

模式 0 最长可定时 8192*2μs=16.384ms

模式 1 最长可定时 65536*2μs=131.072ms

模式 2 最长可定时 256*2μs=512μs

题目要求定时 1s，从上面分析我们知道没有哪个模式能一次定时这么长的时间，所以要采用多次循环来实现。故可选择模式 1 定时 100ms，循环 10 次即为 1s。

（1）求定时器的初值。

根据工作模式 1 的求初值的公式：$t = (2^{16} - \text{T0 初始值}) \times \text{振荡周期} \times 12$，

其中 t =100ms，振荡周期=1/6MHz=1/6μs，代入上式 100000=（65536-T1 初值）*1/6*12 得出 T1 初值=15536D=3CB0H。

（2）定时/计数器的初始化。

根据题目使用 T1 工作模式 1 做定时器用，故设置 TMOD 中 T1 对应的 M1M0=01，C/$\overline{\text{T}}$=0，

GATE=0 定时/计数器 T1 的启动停止由 TR1 控制，由于 T0 没有用，所对应的 4 位设为 0000，故 TMOD=10H。

采用中断方式时，还要开 T1 的中断，设置 T1 中断允许标志位 ET1=1，并允许全局中断允许 EA=1，故 IE=88H。

（3）程序编写如下。

```
            ORG     0000H
            LJMP    MAIN
            ORG     001BH           ;T1 中断入口
            LJMP    T1INT
            ORG     0200H
    MAIN:   MOV     SP，#60H         ;设堆栈指针，开辟堆栈区
            MOV     TL1，#0B0H       ;给定时器赋初值
            MOV     TH1，#3CH
            MOV     B，#0AH          ;设置循环次数
            MOV     TMOD，#10H       ;将 T1 设为工作模式 1
            MOV     IE，#88H         ;开中断
            SETB    TR1             ;启动定时/计数器 T1
    HERE:   SJMP    $               ;等定时中断
            ORG     1000H
    T1INT:  MOV     TL1，#0B0H       ;重新赋初值
            MOV     TH1，#3CH
            DJNZ    B，LOOP          ;判断是否循环了 10 次
            CLR     TR1             ;1s 时间到，停止 T1 工作
    LOOP:   RETI                    ;中断返回
            END
```

例 5-6 门控制位 GATE 的应用，可以利用 T0 的门控位对 $\overline{INT0}$ 或 $\overline{INT1}$ 引脚上正脉冲的宽度进行测量，如图 5-10 所示，正脉冲的宽度能够由机器周期数的多少来表示，结果保存在片内 RAM 的 50H 和 51H。

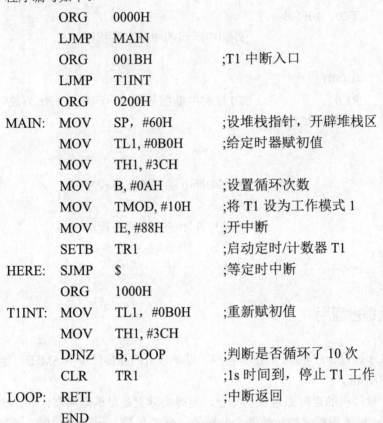

图 5-10 利用 GATE 位测量正脉冲宽度

由 5.2.1 知，当 GATE=1、TR1=1 时，只有 P3.3 引脚 $\overline{INT1}$ 为高电平，相应的定时/计数器 T1 才能启动工作，正是利用这个特性可以测出正脉冲的宽度。

（1）定时/计数器 T1 的初始化。

定时/计数器 T1 的初值设为 0000H，工作模式设为模式 1，即 TMOD 对应 T1 的 M1M0=01，

GATE=1，C/$\overline{T}$=0。T0 没有，故 TMOD=90H。

（2）程序编写如下。

	ORG	0000H	
	LJMP	MAIN	
	ORG	0100H	
MAIN:	MOV	TL1，#00H	;给 T1 赋初值
	MOV	TH1，#00H	
	MOV	TMOD，#90H	;将 T1 设为工作模式 1，且 GATE=1
WATE0:	JB	P3.3，WATE0	;等待 P3.3 由高电平变为低电平
	SETB	TR1	;开启 T1 的启动条件之一
WATE1:	JNB	P3.3，WATE1	;等待 P3.3 由低变高，高电平后 T1 开始定时
WATE2:	JB	P3.3，WATE2	;等待 P3.3 由高变低
	CLR	TR1	;P3.3 变为低电平后，T1 立即停止计数
	MOV	50H, TL1	;保存计数的值
	MOV	51H, TH1	

习题

1．8051 定时器/计数器有哪几种工作模式？各有什么特点？

2．8051 定时/计数器做定时器用时，其定时时间与哪些因素有关？做计数器用时，对外部计数脉冲频率有何要求？

3．一个定时器的定时时间是有限的，如何实现两个定时器的串行定时，以满足较长定时时间的要求？

4．使用定时/计数器 0 以工作方式 1 实现定时，在 P1.0 输出周期为 400μs 的连续方波。已知晶振频率 f_{osc}=12MHz。求计数初值，方式控制字，编制相应程序（中断方式）。

5．51 单片机振荡频率为 12 MHz，定时器 0 初始化程序和中断服务程序如下。

```
MAIN:   MOV TH0, #9DH
        MOV TL0, #0D0H
        MOV TMOD, #01H
        SETB TR0
        ……
```

中断服务程序如下。

```
        MOV TH0, #9DH
        MOV TL0, #0D0H
        ……
        RETI
```

问：该定时器工作于什么方式？定时时间是多少？（写出计算过程）

第6章 MCS-51单片机串行通信技术

在实际工作中，计算机的 CPU 与外部设备之间常常要进行信息交换，一台计算机与外界信息的交换称为数据通信。

数据通信方式有两种，即并行数据通信和串行数据通信。在并行数据通信中，数据的各位同时传送，其优点是传送速度快；缺点是数据有多少位，就需要多少条传送线；在串行通信中，数据字节一位一位串行地顺序传送，通过串行接口实现。它的优点是只需一对传送线（利用电话线就可作为传送线），这样就大大降低了传送成本，特别适用于远距离通信；其缺点是传送速度较低。在应用时，可根据数据通信的距离决定采用哪种通信方式，例如，在 PC 与外部设备（如打印机等）通信时，如果距离小于 30m，可采用并行数据通信方式；如果距离大于 30m，则要采用串行数据通信方式。8051 单片机具有并行和串行 2 种基本数据通信方式。图 6-1（a）为 8051 单片机与外设间 8 位数据并行通信的连接方法。图 6-1（b）为串行数据通信方式的连接方法。本章主要介绍单片机串行通信技术。

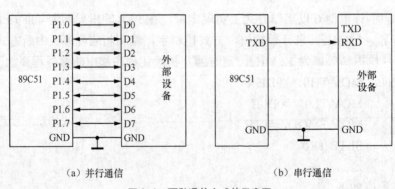

（a）并行通信　　　　　　　　　　　（b）串行通信

图 6-1　两种通信方式的示意图

6.1　串行通信基础

6.1.1　串行通信分类

按照串行数据的时钟控制方式，串行通信分为异步通信和同步通信两类。

1. 异步通信

在异步通信中，数据是以字符为单位组成字符帧传送的。发送端和接收端由各自独立的时钟来控制数据的发送和接收，这两个时钟彼此独立，互不同步。每一字符帧的数据格式如图 6-2 所示。

在帧格式中，一个字符由 4 个部分组成：起始位、数据位、奇偶校验位和停止位。

（1）起始位：位于字符帧开头，仅占一位，为逻辑低电平 0，用来通知接收设备，发送端开始发送数据。线路上在不传送字符时应保持为 1。接收端不断检测线路的状态，若连续为 1 以后又测到一个 0，就知道发来一个新字符，应马上准备接收。

（2）数据位：数据位（D0～D7）紧接在起始位后面，位数通常为 5～8 位，依据数据位由低到高的顺序依次传送。

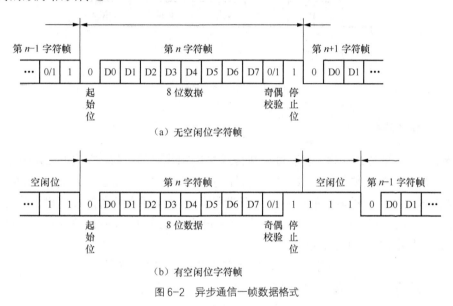

图 6-2　异步通信一帧数据格式

（3）奇偶校验位：奇偶校验位只占一位，紧接在数据位后面，用来表征串行通信中采用奇校验还是偶校验，也可用这一位（1/0）来确定这一帧中的字符所代表信息的性质（地址/数据等）。

（4）停止位：位于字符帧的最后，表征字符的结束，它一定是高电位（逻辑 1）。停止位可以是 1 位、1.5 位或 2 位。接收端收到停止位后，知道上一字符已传送完毕，同时也为接收下一字符做好准备（只要再收到 0 就是新的字符的起始位）。若停止位以后不是紧接着传送下一个字符，则让线路上保持为 1。图 6-2（a）表示一个字符紧接一个字符传送的情况，上一个字符的停止位和下一个字符的起始位是紧相邻的；图 6-2（b）是两个字符间有空闲位的情况，空闲位为 1，线路处于等待状态。存在空闲位正是异步通信的特征之一。

2. 同步通信

同步通信时，字符与字符之间没有间隙，也不用起始位和停止位，仅在数据块开始时用同步字符 SYNC 来指示（常约定 1～2 个），然后是连续的数据块。同步字符的插入可以是单同步字符方式或双同步字符方式,如图 6-3 所示。同步字符可以由用户约定,也可以采用 ASCII 码中规定的 SYN 代码,即 16H。通信时先发送同步字符,接收方检测到同步字符后,即准备接收数据。在同步传输时,要求用时钟来实现发送端与接收端之间的同步。位了保证接收无误,发送方除了传送数据外,还要同时传送时钟。

同步通信方式适合 2.4kbit/s 以上速率的数据传输,由于不必加起始位和停止位,传送效率较高,但实现起来比较复杂。

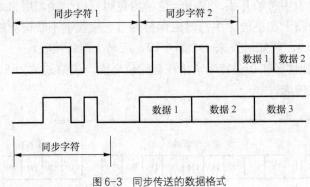

图 6-3　同步传送的数据格式

6.1.2　波特率

波特率,即数据传送速率,表示每秒钟传送二进制代码的位数,它的单位是位/秒(bit/s)。波特率是异步通信的重要指标,表征数据传输的速度,波特率越高,数据传输速度越快,在数据传送方式确定后,以多大的速率发送/接收数据,是实现串行通信必须解决的问题。

假设数据传送的速率是 120 字符/s,每个字符格式包含 10 个代码位(1 个起始位、1 个停止位、8 个数据位),则通信波特率为:

$$120\ 字符/s×10\ 位/字符=1200b/s=1200\ 波特$$

每一位的传输时间为波特率的倒数:

$$Td=1/1200=0.833ms$$

6.1.3　串行通信的制式

在串行通信中按照数据传送方向,串行通信可分为单工、半双工和全双工 3 种制式。

1. 单工制式

在单工制式中,数据传送只能是单向的,一方固定为发送端 A 端,另一方固定为接收端 B 端,如图 6-4(a)所示。单工方式只需要一条数据线。这种通信制式很少使用,但在某些串口设备中使用这种制式,如早期的打印机与微机间的通信,数据传送只需一个方向——微机至打印机。

2. 半双工制式

在半双工制式中,系统每个通信设备都由一个发送器和一个接收器组成,允许数据向两个方向中的任一方向传送,但每次只能有一个设备发送,即在同一时刻,只能进行一个方向传送，不能双向同时传输，如图 6-4（b）所示。

3. 全双工制式

在全双工制式中，数据传送方式是双向配置，允许同时双向传送数据，全双工制式需要两条数据线，如图 6-4（c）所示。

在实际应用中，异步通信通常采用半双工制式，这种用法简单、实用。

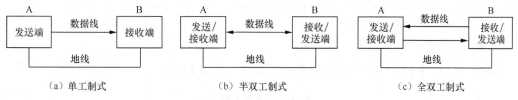

（a）单工制式　　　　　　　　（b）半双工制式　　　　　　　　（c）全双工制式

图 6-4　串行通信数据传送的 3 种制式

6.2　MCS-51 单片机串行接口

MCS-51 内部有一个可编程全双工串行接口，具有通用异步接收和发送器（universal asynchronous receiver/transmitter，UART）的全部功能，通过单片机的引脚 RXD（P3.0）、TXD（P3.1）同时接收、发送数据，构成双机或多机通信系统。

MCS-51 串行口的内部结构如图 6-5 所示。

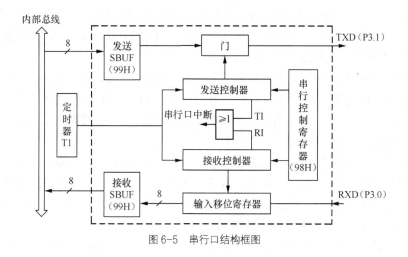

图 6-5　串行口结构框图

在图 6-5 中，与 MCS-51 串行口有关的特殊功能寄行器为 SBUF、SCON、PCON，下面对它们分别进行介绍。

1. 串行口数据缓冲器 SBUF

SBUF 是一个特殊功能寄存器，有两个在物理上独立的接收缓冲器与发送缓冲器。发送缓冲器只能写入不能读出，写入 SBUF 的数据存储在发送缓冲器，用于串行发送；接收缓冲器只能读出不能写入。两个缓冲器共用一个地址 99H，通过对 SBUF 的读、写指令来区别是对接收缓冲器还是发送缓冲器进行操作。接收或发送数据，是通过串行口对外的两条独立收发信号线 RXD（P3.0）、TXD（P3.1）来实现的。

2. 串行口控制寄存器 SCON

SCON 用来控制串行口的工作方式和状态，字节地址为 98H，可以位寻址。SCON 的格式如下。

| SM0 | SM1 | SM2 | REN | TB8 | RB8 | TI | RI | SCON（98H） |

各位功能说明如下。

SM0、SM1：串行口工作方式选择位，其定义如表 6-1 所示。

表 6-1　　　　　　　　　　　　串行口工作方式设定

SM0	SM1	工作方式	功能	波特率
0	0	方式 0	同步移位寄存器	$f_{osc}/12$
0	1	方式 1	10 位异步收发	可变（由定时器控制）
1	0	方式 2	11 位异步收发	$f_{osc}/64$ 或 $f_{osc}/32$
1	1	方式 3	11 位异步收发	可变（由定时器控制）

SM2：多机通信控制位，用于方式 2 和方式 3 中。在方式 2 和方式 3 处于接收方式时，若 SM2=1，表示置多机通信功能。如果接收到的第 9 位数据 RB8 为 1，则将数据装入 SBUF，并置 RI 为 1，向 CPU 申请中断；如果接收到的第 9 位数据 RB8 为 0，则不接收数据，RI 仍为 0，不向 CPU 申请中断。若 SM2=0，则不论接收到的第 9 位 RB8 为 0 还是为 1，TI、RI 都以正常方式被激活，接收到的数据装入 SBUF。在方式 1，若 SM2=1，则只有收到有效的停止位后，RI 才置 1。在方式 0 中，SM2 应为 0。

REN：允许串行接收位。REN=1 时，允许接收；REN=0 时，禁止接收。

TB8：发送数据的第 9 位。在方式 2 和方式 3 中，TB8 是第 9 位发送数据，可做奇偶校验位。在多机通信中，可作为区别地址帧或数据帧的标识位，一般约定发送地址帧时，TB8 为 1，发送数据帧时，TB8 为 0。

RB8：接收数据的第 9 位。在方式 2 和方式 3 中，RB8 是第 9 位接收数据。

TI：发送中断标志位。在方式 0 中，发送完 8 位数据后，由硬件置位；在其他方式中，在发送停止位时由硬件置位。因此，TI 是发送完一帧数据的标志，当 TI=1 时，向 CPU 申请串行中断，响应中断后，必须由软件清除 TI。

RI：接收中断标志位。在方式 0 中，接收完 8 位数据后，由硬件置位；在其他方式中，在接收停止位的中间点由硬件置位。接收完一帧数据 RI=1，向 CPU 申请中断，响应中断后，必须由软件清除 RI。

3. 电源及波特率选择寄存器 PCON

PCON 主要是为 CHMOS 型单片机的电源控制而设置的专用寄存器，字节地址为 87H。在 HMOS 的 8051 单片机中，PCON 只有最高位被定义，其他位都是虚设的。

PCON（87H）	SMOD	–	–	–	GF1	GF0	PD	IDL

PCON 的最高位 SMOD 为串行口波特率的倍增位。在方式 1、方式 2 和方式 3 时，串行通信的波特率与 SMOD 有关。当 SMOD=1 时，通信波特率加倍，当 SMOD=0 时，波特率不变。其他各位为掉电方式控制位，在此不再赘述。

6.3　串行接口工作方式及应用举例

6.3.1　MCS-51 串行口的工作方式

MCS-51 的串行口有 4 种工作方式，通过 SCON 中的 SM1、SM0 位决定，如表 6-1 所示。

1. 工作方式 0

方式 0 为同步移位寄存器输入/输出方式。该方式并不用于两个 AT89S51 单片机之间的异步串行通信，而是用于串行口外接移位寄存器，扩展并行 I/O 口。

8 位数据为一帧，无起始位和停止位，先发送或接收最低位。波特率固定，为 $f_{osc}/12$。帧格式如图 6-6 所示。

图 6-6　方式 0 的帧格式

（1）方式 0 发送过程及举例。

当 CPU 执行一条将数据写入发送缓冲器 SBUF 的指令时，产生一个正脉冲，串行口开始把 SBUF 中的 8 位数据以 $f_{osc}/12$ 的固定波特率从 RXD 引脚串行输出，低位在先，TXD 引脚输出同步移位脉冲，发送完 8 位数据，中断标志位 TI 置 1。 发送时序如图 6-7 所示。

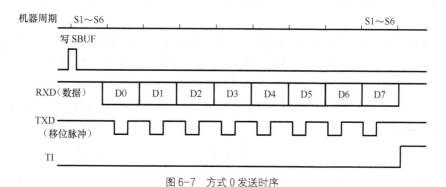

图 6-7　方式 0 发送时序

图 6-8 为方式 0 发送的一个具体应用，通过串行口外接 8 位串行输入并行输出移位寄存器 74LS164，扩展两个 8 位并行输出口的具体电路。

方式 0 发送时，串行数据由 P3.0（RXD 端）送出，移位脉冲由 P3.1（TXD 端）送出。

在移位脉冲的作用下，串行口发送缓冲器的数据逐位地从 P3.0 串行移入 74LS164 中。

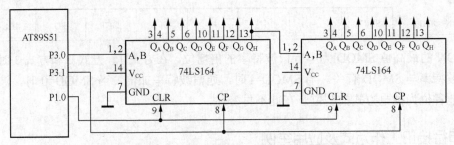

图 6-8　外接串入并出移位寄存器 74LS164 扩展的并行输出口

（2）方式 0 接收过程及举例。

方式 0 接收，REN 为串行口允许接收控制位，REN=0，禁止接收；REN = 1，允许接收。

当向 SCON 寄存器写入控制字（设置为方式 0，并使 REN 置 1，同时 RI = 0）时，产生一个正脉冲，串行口开始接收数据。

引脚 RXD 为数据输入端，TXD 为移位脉冲信号输出端，接收器以 f_{osc}/12 的固定波特率采样 RXD 引脚的数据信息，当接收完 8 位数据时，中断标志 RI 置 1，表示一帧数据接收完毕，可进行下一帧数据的接收，时序如图 6-9 所示。

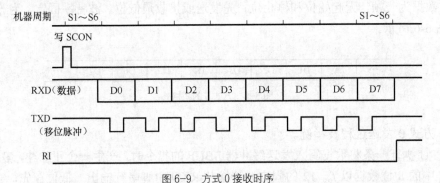

图 6-9　方式 0 接收时序

图 6-10 为串行口外接两片 8 位并行输入串行输出的寄存器 74LS165 扩展两个 8 位并行输入口的电路。

当 74LS165 的 S/$\overline{L}$ 端由高到低跳变时，并行输入端的数据被置入寄存器；当 S/$\overline{L}$ = 1，且时钟禁止端（第 15 脚）为低电平时，允许 TXD（P3.1）串行移位脉冲输入，这时在移位脉冲作用下，数据由右向左方向移动，以串行方式进入串行口的接收缓冲器中。

在图 6-10 中，TXD（P3.1）作为移位脉冲输出与所有 75LS165 的移位脉冲输入端 CP 相连。

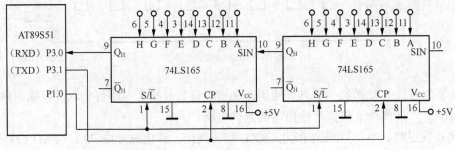

图 6-10　扩展 74LS165 作为并行输入口

RXD（P3.0）作为串行数据输入端与 74LS165 的串行输出端 QH 相连；P1.0 与 S/$\overline{L}$ 相连，用来控制 74LS165 的串行移位或并行输入。

74LS165 的时钟禁止端（第 15 脚）接地，表示允许时钟输入。

当扩展多个 8 位输入口时，相邻两芯片的首尾（QH 与 SIN）相连。

在方式 0，SCON 中的 TB8、RB8 位没有用到，发送或接收完 8 位数据，由硬件使 TI 或 RI 中断标志位置 1，CPU 响应 TI 或 RI 中断，在中断服务程序中向发送 SBUF 中送入下一个要发送的数据或从接收 SBUF 中把接收到的 1B 存入内部 RAM 中。

注意，TI 或 RI 标志位必须采用如下指令由软件清零。

　　　　CLR TI　;TI 位清零
　　　　CLR RI　;RI 位清零

方式 0 时，SM2 位（多机通信控制位）必须为 0。

2. 工作方式 1

当 SM0、SM1=01 时，串行口设为方式 1 的双机串行通信。TXD 脚和 RXD 脚分别用于发送和接收数据，如图 6-11 所示。

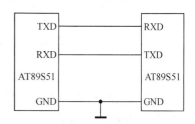

方式 1 为波特率可调的 8 位通用异步通信接口。发送或接收一帧信息为 10 位，分别为起始位 0、8 位数据位和 1 位停止位 1，先发送或接收最低位。帧格式如图 6-12 所示。

图 6-11　方式 1 双机串行通信的连接电路

图 6-12　方式 1 的帧格式

（1）方式 1 发送。

方式 1 输出时，数据位由 TXD 端输出，发送一帧信息为 10 位：1 位起始位 0、8 位数据位（先低位）和 1 位停止位 1。当 CPU 执行一条数据写 SBUF 的指令时，启动发送。发送时序如图 6-13 所示。

图 6-13 中 TX 时钟的频率就是发送的波特率。

发送开始时，内部发送控制信号变为有效，将起始位向 TXD 脚（P3.0）输出，此后每经过一个 TX 时钟周期，便产生一个移位脉冲，并由 TXD 引脚输出一个数据位。8 位数据位全部发送完毕后，中断标志位 TI 置 1。

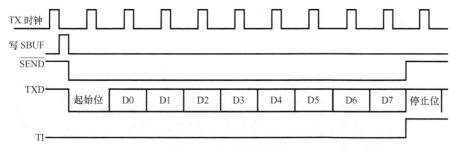

图 6-13　方式 1 发送时序

（2）方式 1 接收。

方式 1 接收时（REN = 1），数据从 RXD（P3.1）引脚输入。当检测到起始位的负跳变时，开始接收。接收时序如图 6-14 所示。

接收时，定时控制信号有两种，一种是接收移位时钟（RX 时钟），它的频率和传送的波特率相同，另一种是位检测器采样脉冲，频率是 RX 时钟的 16 倍。以波特率的 16 倍速率采样 RXD 脚状态。当采样到 RXD 端从 1 到 0 的负跳变时，启动检测器，接收的值是 3 次连续采样（第 7～第 9 个脉冲时采样）取两次相同的值，以确认起始位（负跳变）的开始，较好地消除干扰引起的影响。

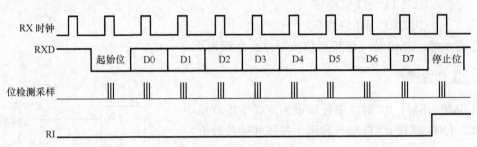

图 6-14 方式 1 接收时序

当确认起始位有效时，开始接收一帧信息。每一位数据也都进行 3 次连续采样（第 7～第 9 个脉冲采样），接收的值是 3 次采样中至少两次相同的值。当一帧数据接收完毕后，同时满足以下两个条件，接收才有效。

（1）RI = 0，即上一帧数据接收完成时，RI = 1 发出的中断请求已被响应，SBUF 中的数据已被取走，说明"接收 SBUF"已空。

（2）SM2 = 0 或收到的停止位 = 1（方式 1 时，停止位已进入 RB8），将接收到的数据装入 SBUF 和 RB8（装入的是停止位），且中断标志 RI 置 1。

若不同时满足这两个条件，则接收的数据不能装入 SBUF，该帧数据将丢弃。

3. 工作方式 2、方式 3

在工作方式 2、方式 3 下，串行口为 9 位异步通信接口，发送、接收一帧信息为 11 位：即 1 位起始位（0）、8 位数据位、1 位可编程位和 1 位停止位（1）。传送波特率与 SMOD 有关。其数据帧格式如图 6-15 所示。

0	D0	D1	D2	D3	D4	D5	D6	D7	0/1	1
起始位			8 位数据						奇偶校验	停止位

图 6-15 方式 2、方式 3 的帧格式

串行口工作于方式 2、方式 3 进行数据发送时，数据由 TXD 端输出，附加的第 9 位数据为 SCON 中的 RB8（由软件设置）。用指令将要发送的数据写入 SBUF，即可启动发送器。送完一帧信息时，TI 由硬件置 1。

发送时序如图 6-16 所示。

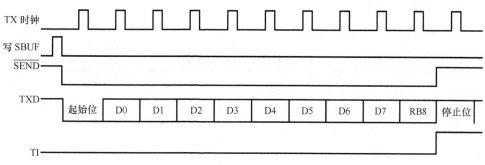

图 6-16　方式 2 和方式 3 发送时序

6.3.2　MCS-51 串行口的波特率

在串行通信中，收发双方必须采用相同的数据传输速度，即采用相同的波特率。MCS-51 单片机的串行口有 4 种工作方式，其中方式 0 和方式 2 的波特率是固定的，方式 1 和方式 3 的波特率是可变的，由定时器 T1 的溢出率决定。

1. 方式 0 和方式 2

在方式 0 中，波特率为时钟频率的 1/12，即 $f_{osc}/12$，固定不变。

在方式 2 中，波特率取决于 PCON 中的 SMOD 值，当 SMOD=0 时，波特率为 $f_{osc}/64$；当 SMOD=1 时，波特率为 $f_{osc}/32$，即波特率=$2^{SMOD}\times f_{osc}/64$。

2. 方式 1 和方式 3

在方式 1 和方式 3 下，波特率由定时器 T1 的溢出率和 SMOD 共同决定，即：

$$波特率 = n \times 2^{SMOD}/32$$

式中，n 为定时器 T1 的溢出率。定时器 T1 的溢出率取决于定时器 T1 的预置值。通常定时器选用工作方式 2，即自动重装载的 8 位定时器，此时 TL1 作计数用，自动重装载值存在 TH1 内。设定时器的预置值（初始值）为 X，那么每过 $256-X$ 个机器周期，定时器溢出一次，此时应禁止 T1 中断。溢出周期为：

$$12/f_{osc} \times （256-X）$$

溢出率为溢出周期的倒数，所以波特率为：

$$波特率 = \frac{2^{SMOD}}{32} \cdot \frac{f_{osc}}{12(256-X)}$$

例 6-1　通信波特率为 2.4kbit/s，f_{osc}=11.059MHz，T1 工作在方式 2，其 SMOD=0，计算 T1 的初值 X。

根据波特率=$2^{SMOD}/32 \times n$　　得 n=76800

根据，$n=f_{osc}/[(256-X)\times 12]$ 得 X=244　即 X=F4H，相应的程序为：

```
        MOV    TMOD，#20H
        MOV    TL1，#0F4H
```

       MOV   THl, #0F4H

       SETB TRl

MCS-51 串行口常用波特率如表 6-2 所示。

表 6-2　　　　　　　　　　　　　**MCS-51 串行口常用波特率**

工作方式	波特率（bit/s）	f_{osc}/MHz	定时器 T1			
			SMOD	C/$\overline{T}$	模式	定时器初值
方式 0	1m	12	×	×	×	×
方式 2	375k	12	1	×	×	×
	187.5k	12	0	×	×	×
方式 1 方式 3	62.5k	12	1	0	2	FFH
	19.2k	11.059	1	0	2	FDH
	9.6k	11.059	0	0	2	FDH
	4.8k	11.059	0	0	2	FAH
	2.4k	11.059	0	0	2	F4H
	1.2k	11.059	0	0	2	E8H
	137.5	11.059	0	0	2	1DH
	110	12	0	0	1	FEEBH
方式 0	0.5M	6	×	×	×	×
方式 2	187.5k	6	1	×	×	×
方式 1 方式 3	19.2k	6	1	0	2	FEH
	9.6k	6	1	0	2	FDH
	4.8k	6	0	0	2	FDH
	2.4k	6	0	0	2	FAH
	1.2k	6	0	0	2	F3H
	0.6k	6	0	0	2	E6H
	110	6	0	0	2	72H
	55	6	0	0	1	FEEBH

6.3.3　串行口应用举例

1．串行口工作方式 0

8051 单片机串行口方式 0 为移位寄存器方式，外接一个串入并出的移位寄存器，即可扩展一个并行口。

用 8051 串行口外接 CD4094 扩展 8 位并行输出口，如图 6-17 所示，8 位并行口的各位都接一个发光二极管，要求发光管呈流水灯状态。 串行口方式 0 的数据传送既可采用中断方式，也可采用查询方式，无论采用哪种方式，都要借助于 TI 或 RI 标志。串行发送时，可以靠 TI 置位（发完一帧数据后）引起中断申请，在中断服务程序中发送下一帧数据，或者通过查询 TI 的状态，只要 TI 为 0 就继续查询，TI 为 1 就结束查询，发送下一帧数据。在串行接收时，则由 RI 引起中断或对 RI 查询来确定何时接收下一帧数据。无论采用什么方式，在开始通信之前，都要先对控制寄存器 SCON 进行初始化。在方式 0 中将 00H 送 SCON 就可以了，编程如例 6-2 所示。

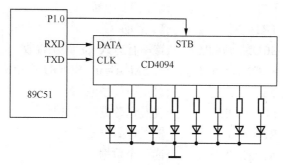

图 6-17 用 CD4094 扩展 8 位并行输出口

例 6-2

```
          ORG    2000H
START:    MOV    SCON，#00H      ;置串行口工作方式 0
          MOV    A，#80H         ;最高位灯先亮
          CLR    P1.0           ;关闭并行输出（避免传输过程中，各 LED 的"暗红"现象）
OUT0:     MOV    SBUF，A         ;开始串行输出
OUT1:     JNB    TI，OUT1        ;输出完否
          CLR    TI             ;完了，清 TI 标志，以备下次发送
          SETB P1.0             ;打开并行口输出
          ACALL DELAY           ;延时一段时间
          RR A                  ;循环右移
          CLR P1.0              ;关闭并行输出
          JMP OUT0              ;循环
```
说明：   DELAY 延时子程序这里就不给出了。

2. 串行口工作方式 1

例 6-3 设 A、B 机以串行方式 1 进行数据传送，f_{osc}=11.0592MHz，波特率为 1.2kbit/s，A 发送的 16 个数据存在片内 RAM 的 40H～4FH 单元中，B 接收后存在片内 RAM 的以 50H 为首地址的区域中。试编制程序。

解： 串行方式 1 波特率取决于 T1 溢出率，计算 T1 定时初值。

当 SMOD=0 时：$T1_{初值}=256-\dfrac{2^{SMOD}}{32}\times\dfrac{f_{osc}}{12\times 波特率}=232=E8H$

当 SMOD=1 时：$T1_{初值}=256-\dfrac{2^{SMOD}}{32}\times\dfrac{f_{osc}}{12\times 波特率}=208=D0H$

若波特率较大，则 SMOD=1，反之则 SMOD=0。

A 机的发送子程序如下。

```
TXDA:    MOV    TMOD，#20H      ;置 T1 定时器于工作方式 2
```

```
            MOV     TL1，#0E8H        ;置 T1 计数初值
            MOV     TH1，#0E8H        ;置 T1 计数重装值
            CLR     ET1              ;禁止 T1 中断
            SETB    TR1              ;T1 启动
            MOV     SCON，#40H        ;置串行方式 1，禁止接收
            MOV     PCON，#00H        ;置 SMOD=0（SMOD 不能位操作）
            CLR     ES               ;禁止串行中断
            MOV     R0，#40H          ;置发送数据区首地址
            MOV     R2，#16           ;置发送数据长度
TRSA：      MOV     A，@R0            ;读一个数据
            MOV     SBUF，A          ;发送
            JNB TI，$                ;等待一帧数据发送完毕
            CLRTI                    ;清发送中断标志
            INC R0                   ;指向下一字节单元
            DJNZ    R2，TRSA         ;判断 16 个数据是否发送完，未完继续
            RET
```

B 机的接收子程序如下。

```
RXDB：      MOV     TMOD，#20H        ;置 T1 定时器于工作方式 2
            MOV     TL1，#0E8H        ;置 T1 计数初值
            MOV     TH1，#0E8H        ;置 T1 计数重装值
            CLR     ET1              ;禁止 T1 中断
            SETB    TR1              ;T1 启动
            MOV     SCON，#40H        ;置串行方式 1，禁止接收
            MOV     PCON，#00H        ;置 SMOD=0（SMOD 不能位操作）
            CLR     ES               ;禁止串行中断
            MOV     R0，#50H          ;置接收数据区首地址
            MOV     R2，#16           ;置接收数据长度
            SETB    REN              ;启动接收
RDSB：      JNB     RI，$            ;等待一帧数据接收完毕
            CLR     RI               ;清接收中断标志
            MOV     A，SBUF          ;读接收数据
            MOV     @R0，A            ;存接收数据
            INC     R0               ;指向下一数据存储单元
            DJNZ    R2，RDSB         ;判断 16 个数据是否接收完，未完继续
            RET
```

3. 串行口工作方式 2

例 6-4 方式 2 发送在双机串行通信中的应用。

下面的发送中断服务程序，以 TB8 作为奇偶校验位，偶校验发送。数据写入 SBUF 之前，

先将数据的偶校验位写入 TB8（设第 2 组的工作寄存器区的 R0 作为发送数据区地址指针）。

PITI:	PUSH	PSW	;现场保护
	PUSH	ACC	
	SETB	RS1	;选择第 2 组工作寄存器区
	CLR	RS0	
	CLR	TI	;发送中断标志清零
	MOV	A，@R0	;取数据
	MOV	C，P	;校验位送 TB8，采用偶校验
	MOV	TB8，C	;P=1，校验位 TB8=1，P=0，校验位 TB8=0
	MOV	SBUF，A	;A 数据发送，同时发送 TB8
	INC	R0	;数据指针加 1
	POP	ACC	;恢复现场
	POP	PSW	
	RETI		;中断返回

方式 2 接收，SM0、SM1=10，且 REN = 1 时，以方式 2 接收数据。数据由 RXD 端输入，接收 11 位信息。当位检测逻辑采样到 RXD 的负跳变，判断起始位有效，便开始接收一帧信息。在接收完第 9 位数据后，需满足以下两个条件，才能将接收到的数据送入 SBUF（接收缓冲器）。

① RI = 0，意味着接收缓冲器为空。

② SM2 = 0 或接收到的第 9 位数据位 RB8 = 1。

当满足上述两个条件时，收到的数据送 SBUF（接收缓冲器），第 9 位数据送入 RB8，且 RI 置 1。若不满足这两个条件，则接收的信息被丢弃。

串行口方式 2 和方式 3 的接收时序如图 6-18 所示。

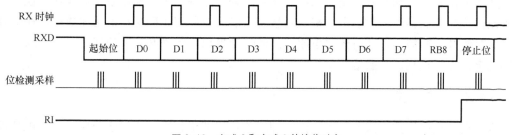

图 6-18　方式 2 和方式 3 的接收时序

例 6-5　方式 2 接收在双机通信中的应用。

本例对例 6-4 发送的数据进行偶校验接收，程序如下（设 1 组寄存器区的 R0 为数据缓冲区指针）。

PIRI:	PUSH	PSW	;保护现场
	PUSH	ACC	
	SETB	RS0	;选择 1 组寄存器区
	CLR	RS1	
	CLR	RI	

	MOV	A，SBUF	;将接收到数据送到累加器 A
	MOV	C，P	;接收到数据字节的奇偶性送入 C 位
	JNC	L1	;C=0，接收的字节数为偶数，跳 L1 处
	JNB	RB8，ERP	;C=1，再判断 RB8=0？如果 RB8=0，则
			;出错，跳 ERP 出错处理
	AJMP	L2	;C=1，RB8=1，接收的数据正确，跳 L2 处
L1：	JB RB8，ERP		;C=0，再判断 RB8=1？如果 RB8=1，
			;则出错，跳 ERP 出错处理
L2：	MOV	@R0，A	;C=0，RB8=0 或 C=1，RB8=1，
			;接收数据正确，存入数据缓冲区
	INC	R0	;数据缓冲区指针增1，为下次接收做准备
	POP	ACC	;恢复现场
	POP	PSW	
ERP：	……		;出错处理程序段入口
	……		
	RETI		

6.4 多机通信原理简介

6.4.1 通信协议

要想保证通信成功，通信双方必须有一系列的约定。例如，作为发送方，必须知道什么时候发送信息，发什么；对方是否收到，收到的内容有没有错，要不要重发；怎样通知对方结束，等等。作为接收方，必须知道对方是否发送了信息，发的是什么；收到的信息是否有错，如果有错怎样通知对方重发；怎样判断结束等。这种约定就叫作**通信规程或协议**，通信规程或协议必须在编程之前确定下来。要想使通信双方能够正确交换信息和数据，在协议中对什么时候开始通信，什么时候结束通信，何时交换信息等都必须明确规定。只有双方遵守这些规定，才能顺利进行通信。

6.4.2 双机通信

双机通信也称为点对点的异步通信。利用单片机的串行口，可以实现单片机与单片机、单片机与通用微机间点对点的串行通信。在进行双机通信时，是通过双方的串行口进行的，其串行接口的硬件连接方式有多种，应根据实际需要选择。

6.4.3 多机通信

多个单片机可利用串行口进行多机通信，经常采用如图 6-19 所示的主从式结构。系统中有 1 个主机（单片机或其他有串行接口的微机）和多个单片机组成的从机系统。主机的 RXD 与所有从机的 TXD 端相连，TXD 与所有从机的 RXD 端相连。从机地址分别为 01H、02H 和 03H。

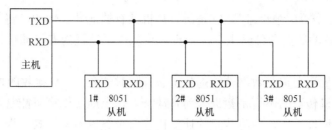

图 6-19　多机通信系统示意图

主从式是指多机系统中，只有一个主机，其余全是从机。主机发送的信息可以被所有从机接收，任何一个从机发送的信息，只能由主机接收。从机和从机之间不能进行直接通信，只能经主机才能实现。

要保证主机与所选择的从机通信，必须保证串口有识别功能。SCON 中的 SM2 位就是为满足这一条件设置的多机通信控制位。其工作原理是在串行口以方式 2（或方式 3）接收时，若 SM2 = 1，则表示进行多机通信，可能有以下两种情况。

（1）只有从机接收到的主机发来的第 9 位数据 RB8=1 时，前 8 位数据才装入 SBUF，并置中断标志 RI = 1，向 CPU 发出中断请求。

在中断服务程序中，从机把接收到的 SBUF 中的数据存入数据缓冲区中。

（2）如果从机接收到的第 9 位数据 RB8=0，则不产生中断标志 RI=1，不引起中断，从机不接收主机发来的数据。

若 SM2 = 0，则接收的第 9 位数据不论是 0 还是 1，从机都将产生 RI = 1 中断标志，接收到的数据装入 SBUF 中。

应用这一特性，可实现 8051 单片机的多机通信。

多机通信的工作过程如下。

（1）各从机初始化程序允许从机的串行口中断，将串行口编程为方式 2 或方式 3 接收，即 9 位异步通信方式，且 SM2 和 REN 位置 1，使从机处于多机通信且只接收地址帧的状态。

（2）在主机和某个从机通信之前，先将从机地址（即准备接收数据的从机）发送给各个从机，接着才传送数据（或命令），主机发出的地址帧信息的第 9 位为 1，数据（或命令）帧的第 9 位为 0。当主机向各从机发送地址帧时，各从机的串行口接收到的第 9 位信息 RB8 为 1，且由于各从机的 SM2=1，则 RI 置 1，各从机响应中断，在中断服务子程序中，判断主机送来的地址是否和本机地址相符合，若为本机地址，则该从机 SM2 位清零，准备接收主机的数据或命令；若地址不相符，则保持 SM2 = 1。

（3）主机发送数据（或命令）帧，数据帧的第 9 位为 0。此时各从机接收到的 RB8 = 0。

只有与前面地址相符合的从机（即 SM2 位已清零的从机）才能激活中断标志位 RI，从而进入中断服务程序，接收主机发来的数据（或命令）；与主机发来的地址不相符的从机，由于 SM2 保持为 1，又由于 RB8 = 0，因此不能激活中断标志 RI，也就不能接收主机发来的数据帧。从而保证主机与从机间通信的正确性。此时主机与建立联系的从机已经设置为单机通信模式，即在整个通信中，通信的双方都要保持发送数据的第 9 位（即 TB8 位）为 0，防止其他从机误接收数据。

（4）结束数据通信并为下一次的多机通信做好准备。在多机系统，每个从机都被赋予唯一的地址。例如，图 6-19 中 3 个从机的地址可分别设为 01H、02H、03H。

还要预留 1~2 个"广播地址",它是所有从机共有的地址。例如,将"广播地址"设为 00H。当主机与从机的数据通信结束后,一定要将从机再设置为多机通信模式,以便进行下一次的多机通信。

这时要求与主机正在进行数据传输的从机必须随时注意,一旦接收的数据第 9 位(RB8)为"1",就说明主机传送的不再是数据,而是地址,这个地址就有可能是"广播地址"。

当收到"广播地址"后,便将从机的通信模式再设置成多机模式,为下一次的多机通信做好准备。

习题

1．什么是串行异步通信?它有哪些作用?

2．8051 单片机的串行口由哪些功能部件组成?各有什么作用?

3．简述串行口接收和发送数据的过程。

4．8051 串行口有哪几种工作方式?有哪几种帧格式?各工作方式的波特率如何确定?

5．若异步通信接口按方式 3 传送,已知每分钟传送 3 600 个字符,其波特率是多少?

6．8051 中 SCON 的 SM2、TB8、RB8 有何作用?

7．设 f_{soc}=11.059MHz,试编写一段程序,其功能为对串行口进行初始化,使之工作于方式 1,波特率为 1.2kbit/s;并用查询串行口状态的方法,读出接收缓冲区的数据并回送到发送缓冲区。

8．若晶振为 11.059MHz,串行口工作于方式 1,波特率为 4.8kbit/s。写出用 T1 作为波特率发生器的方式字和计数初值。

9．若定时器 T1 设置成方式 2 作为波特率发生器,已知 f_{osc}=6MHz,求可能产生的最高和最低波特率。

10．当 8051 串行口按工作方式 1 进行串行数据通信时,假定波特率为 1.2kbit/s,以中断方式传送数据,请编写全双工通信程序。

11．简述单片机多机通信的原理。

第 7 章　MCS-51 系列单片机接口技术

7.1　数码管接口技术

7.1.1　LED 数码管简介

LED 数码管（LED segment displays）由多个发光二极管封装在一起组成 8 字形的器件，引线已在内部连接完成，只需引出它们各个笔画的公共电极。发光二极管的阳极连接到一起形成公共端子的称为共阳数码管，发光二极管的阴极连接到一起形成公共端子的称为共阴数码管。发光二极管的结构如图 7-1 所示。

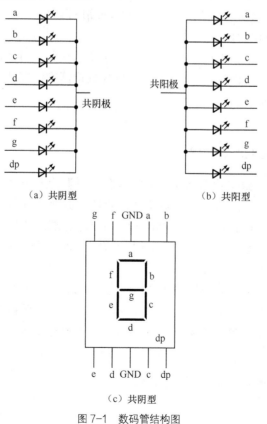

（a）共阴型　　　　　　　　　（b）共阳型

（c）共阴型

图 7-1　数码管结构图

数码管实际上是由 7 个发光管组成 8 字形构成的，加上小数点就是 8 个发光管。这些段分别由字母 a、b、c、d、e、f、g、dp 来表示。当数码管特定的段加上电压后，这些特定的段就会发亮，以形成我们眼睛看到的字样。例如，当 a 亮、b 亮、g 亮、e 亮、d 亮、f 不亮、c 不亮、dp 不亮时，显示的为一个"2"字形。

一般情况下，单个发光二极管的管压降为 1.8V 左右，电流不超过 30mA。

7.1.2 LED 数码管驱动方式

LED 数码管要正常显示，就要用驱动电路来驱动数码管的各个段码，从而显示出需要的数字，因此根据 LED 数码管驱动方式的不同，可以分为静态式和动态式两类。

1. LED 数码管静态式驱动技术

静态驱动也称直流驱动，是指每个数码管的每一个段码都由一个单片机的 I/O 端口进行驱动，或者使用如 BCD 码二—十进制译码器译码进行驱动。静态驱动的优点是编程简单，显示亮度高，缺点是占用 I/O 端口多，如驱动 5 个数码管静态显示需要 5×8=40 个 I/O 端口来驱动，实际应用时必须增加译码驱动器进行驱动，增加了硬件电路的复杂性。

例 7-1 用 LED 数码管静态式驱动技术编写程序实现在数码管上显示 9。

```
        ORG     0000H
        LEDBIT1  BIT    P3.7        ;数据位控制端
        LED     EQU     P1          ;数据输出端口
        ORG     0030H
START:  MOV     LED，#6FH           ;数字 9 的代码：01101111B
        CLR     LEDBIT1             ;位控制位清零，即选通数码管
        SJMP    $
        END
```

2. LED 数码管动态式驱动技术

如图 7-2 所示，LED 数码管动态显示是将所有数码管的 8 个显示笔画"a、b、c、d、e、f、g、dp"的同名端连在一起，同时为每个数码管的公共极增加各自独立的线选通控制 I/O 口。当单片机输出字形码时，单片机线控制 I/O 口位选通端需要显示的数码管，该位就显示出字形，没有选通的数码管不会亮。通过分时轮流控制各个数码管的公共极，就使各个数码管轮流受控显示，这就是动态驱动。

在轮流显示过程中，每位数码管的点亮时间为 1～2ms，由于人的视觉暂留现象及发光二极管的余辉效应，尽管实际上各位数码管并非同时点亮，但只要扫描的速度足够快，给人的印象就是一组稳定的显示数据，不会有闪烁感。动态式驱动能够节省大量的 I/O 端口，而且功耗更低。

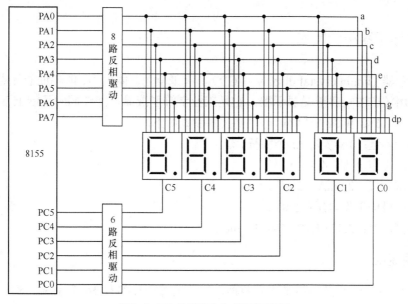

图 7-2　LED 数码管动态式驱动示意图

例 7-2　用 LED 数码管动态式驱动技术编写程序实现在数码管上显示 97。

```
            ORG     0000H
            LEDBIT1    BIT P3.7          ;高位数码管位控制端
            LEDBIT2    BIT P3.6          ;低位数码管位控制端
            LED EQU    P1
            ORG     0030H
START:  MOV     LED,    #6FH         ;9 的代码：01101111B
            SETB    LEDBIT2
            CLR     LEDBIT1
            ACALL   DELAY
            SETB    LEDBIT1
            MOV     LED，#07H          ;7 的代码：00000111B
            CLR     LEDBIT2
            ACALL   DELAY
            SETB    LEDBIT2
            SJMP    START
DELAY:  MOV     R7，#10
D2:       MOV     R6，#100
D3:       MOV     R5，#150
            DJNZ    R5，$
            DJNZ    R6，D3
            DJNZ    R7，D2
            RET
            END
```

7.2 LCD 显示器接口技术

液晶显示器（liquid crystal display，LCD）具有低辐射、体积小、能耗低的优点。LCD1602 是现阶段运用较广的一款液晶显示器，它是工业字符型液晶，能够同时显示上下两行，单行 16 个字符（即 16×2 共 32 个字符），主要技术参数如下。

（1）显示容量：16×2 共 32 个字符。

（2）芯片工作电压：4.5～5.5V。

（3）工作电流：2.0mA（5.0V）。

（4）模块最佳工作电压：5.0V。

（5）字符尺寸：2.95×4.35（W×H）mm。

1．引脚说明

LCD1602 分为带背光和不带背光两种，但无论哪一种都有 16 个引脚，控制器大部分为 HD44780，带背光的比不带背光的厚，是否带背光在应用中并无差别。LCD1602 引脚的说明 如表 7-1 所示。

表 7-1 　　　　　　　　　　　　**LCD1602 引脚说明**

编号	符号	引脚说明	编号	符号	引脚说明
1	VSS	电源地	9	D2	双向数据口
2	VDD	电源正极	10	D3	双向数据口
3	VL	对比度调节	11	D4	双向数据口
4	RS	数据/命令选择	12	D5	双向数据口
5	R/W	读/写选择	13	D6	双向数据口
6	E	模块使能端	14	D7	双向数据口
7	D0	双向数据口	15	BLK	背景光源正极
8	D1	双向数据口	16	BLA	背景光源地

（1）第 1 脚：VSS 为地电源。

（2）第 2 脚：VDD 接 5V 正电源。

（3）第 3 脚：VL 为液晶显示器对比度调整端，接正电源时对比度最弱，接地电源时对 比度最高。对比度过高时会产生"鬼影"，使用时可以通过一个 10K 的电位器调整对比度。

（4）第 4 脚：RS 为寄存器选择，高电平时选择数据寄存器，低电平时选择指令寄存器。

（5）第 5 脚：RW 为读写信号线，高电平时进行读操作，低电平时进行写操作。当 RS 和 RW 共同为低电平时，可以写入指令或者显示地址；当 RS 为低电平，RW 为高电平时， 可以读忙信号；当 RS 为高电平，RW 为低电平时，可以写入数据。

（6）第 6 脚：E 端为使能端，当 E 端由高电平跳变成低电平时，液晶模块执行命令。

（7）第 7～14 脚：D0～D7 为 8 位双向数据线。

（8）第 15 脚：带背光型为 BLK 背景光源正极，不带背光型为空脚。

（9）第 16 脚：带背光型为 BLA 背景光源地，不带背光型为空脚。

2. 指令说明

LCD1602 共有 11 条控制指令，它的读写操作、屏幕和光标的操作都是通过指令编程来实现的（说明：1 为高电平，0 为低电平），如表 7-2 所示。

表 7-2   LCD1602 控制指令

序号	指令	RS	R/W	D7	D6	D5	D4	D3	D2	D1	D0
1	清显示	0	0	0	0	0	0	0	0	0	1
2	光标返回	0	0	0	0	0	0	0	0	1	*
3	置输入模式	0	0	0	0	0	0	0	1	I/D	S
4	显示开/关控制	0	0	0	0	0	0	1	D	C	B
5	光标或字符移位	0	0	0	0	0	1	S/C	R/L	*	*
6	置功能	0	0	0	0	1	DL	N	F	*	*
7	置字符发生存储器地址	0	0	0	1	字符发生存储器地址					
8	置数据存储器地址	0	0	1	显示数据存储器地址						
9	读忙标志或地址	0	1	BF	计数器地址						
10	写数到 CGRAM 或 CGRAM）	1	0	要写的数据内容							
11	从 CGRAM 或 CGRAM 读数	0	1	0	1	读出的数据内容					

（1）指令 1：清显示，指令码为 01H，光标复位到地址 00H。

（2）指令 2：光标复位，光标返回到地址 00H。

（3）指令 3：光标和显示模式设置。I/D 控制光标移动方向，高电平右移，低电平左移。S 控制屏幕上所有文字左移或者右移，高电平有效，低电平无效。

（4）指令 4：显示开关控制。D 控制整体显示的开与关，高电平打开显示，低电平关闭显示。C 控制光标的开与关，高电平有光标，低电平无光标。B 控制光标是否闪烁，高电平闪烁，低电平不闪烁。

（5）指令 5：光标或字符移位。S/C 控制高电平时移动显示的文字，低电平时移动光标。

（6）指令 6：功能设置命令。DL 控制高电平时为 4 位总线，低电平时为 8 位总线。N 控制低电平时为单行显示，高电平时双行显示。F 控制低电平时显示 5×7 的点阵字符，高电平时显示 5×10 的点阵字符。

（7）指令 7：字符发生器 RAM 地址设置。

（8）指令 8：CGRAM 地址设置。

（9）指令 9：读忙信号和光标地址。BF 为忙标志位，高电平表示忙，此时模块不能接收命令或者数据，为低电平时表示不忙。因为液晶显示模块是一个慢显示器件，所以在执行每条指令之前，一定要确认模块的忙标志为低电平，表示不忙，否则此指令失效。

（10）指令 10：写数据。

（11）指令 11：读数据。

3. 地址表

要显示字符时要先输入显示字符地址，也就是告诉模块在哪里显示字符，LCD1602 的内部显示地址如表 7-3 所示。

表 7-3　　　　　　　　　　　　LCD1602 的内部显示地址

1	2	3	4	5	6	7	8	9	10	11	12	13	14	15	16
00	01	02	03	04	05	06	07	08	09	0A	0B	0C	0D	0E	0F
40	41	42	43	44	45	46	47	48	49	4A	4B	4C	4D	4E	4F

例如，第二行第一个字符的地址是 40H，那么是否直接写入 40H 就可以将光标定位在第二行第一个字符的位置呢？这样不行，因为写入显示地址时，要求最高位 D7 恒定为高电平 1，所以实际写入的数据应该加上 01000000B。

例如，因为（40H）+10000000B（80H）=11000000B（C0H），所以编写程序时的实际地址如表 7-4 所示。

表 7-4　　　　　　　　　　　　1602 的内部显示实际地址

1	2	3	4	5	6	7	8	9	10	11	12	13	14	15	16
80	81	82	83	84	85	86	87	88	89	8A	8b	8C	8D	8E	8F
C0	C1	C2	C3	C4	C5	C6	C7	C8	C9	CA	CB	CC	CD	CE	CF

4. 文字组表

LCD1602 液晶模块内部的字符发生存储器（CGROM）已经存储了 160 个不同的点阵字符图形，如附录 C 所示。这些字符有：阿拉伯数字、英文字母的大小写、常用的符号和日文假名等。每一个字符都有一个固定的代码。例如，大写英文字母 A 的代码是 01000001B（41H），显示时模块把地址 41H 中的点阵字符图形显示出来，就能看到字母 A。

例 7-3　编写程序在液晶模块的第一行第三个位置显示字母 F。

```
ORG     0000H
RS      BIT     P3.7
RW      BIT     P3.6
E       BIT     P3.5
LCD1602 EQU     P1
ORG     0030H
MOV     LCD1602,    #01H
ACALL   ENABLE
MOV     LCD1602,    #31H
ACALL   ENABLE
MOV     LCD1602,    #0FH
ACALL   ENABLE
MOV     LCD1602,    #06H
```

```
                  ACALL  ENABLE
                  MOV    LCD1602,   #82H
                  ACALL  ENABLE
                  MOV    LCD1602,   #46H
                  ACALL  DISP
                  SJMP $
         ENABLE:  CLRRS
                  CLRRW
                  CLRE
                  ACALL  DELAY
                  SETB   E
                  RET
         DISP:    SETB   RS
                  CLR    RW
                  CLR    E
                  ACALL  DELAY
                  SETB    E
                  RET
         DELAY:   MOV    R7，#10
         D2:      MOV    R6，#100
         D3:      MOV    R5，#200
                  DJNZ   R5，$
                  DJNZ   R6，D3
                  DJNZ   R7，D2
                  RET
                  END
```

　　程序在开始时对液晶模块功能进行初始化设置，约定显示格式。注意显示字符时光标是自动右移的，无须人工干预，每次输入指令都先调用判断液晶模块是否忙的子程序 DELAY，然后输入显示位置的地址 82H，最后输入要显示的字符 F 的代码 46H。

7.3　矩阵键盘接口技术

　　矩阵键盘是单片机外部设备中排布类似于矩阵的键盘组。当输入按键数量较多时，为了减少 I/O 端口的占用，通常将按键排列成矩阵形式，如图 7-3 所示。

　　在矩阵键盘中，每条水平线和垂直线在交叉处不直接连通，而是通过一个按键加以连接。这样，一个端口（如 P1 口）就可以构成 4×4=16 个按键，比之直接将端口线用于键盘多出了一倍，而且线数越多，区别越明显。例如，再多加一条线就可以构成 20 键的键盘，而直接用端口线则只能多出一键。由此可见，在需要的键数比较多时，采用矩阵法来排列键盘是合理的。

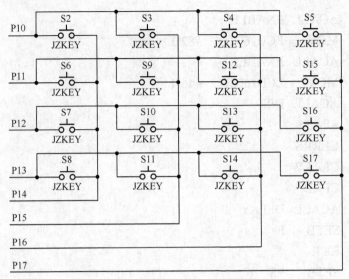

图 7-3 4×4 矩阵键盘连线图

按键的直接连接法仅允许单个输入输出端口连接一个按键，矩阵式结构的键盘显然比直接法要复杂一些，自然识别也要复杂一些。具体的识别方法如下。

1. 行扫描法

行扫描法又称为逐行（或列）扫描查询法，是一种最常用的按键识别方法，如图 7-4 所示键盘，扫描过程如下：

（1）判断键盘中有无键按下。

将全部行线 P1.0～P1.3 置低电平，然后检测列线的状态。只要有一列的电平为低，就表示键盘中有键被按下，而且闭合的键位于低电平线与 4 条行线相交叉的 4 个按键之中。若所有列线均为高电平，则键盘中无键按下。

（2）判断闭合键所在的位置，在确认有键按下后，即可进入确定具体闭合键的过程。

其方法是：依次将行线置为低电平，即在置某条行线为低电平时，其他线为高电平。确定某条行线置为低电平后，再逐行检测各列线的电平状态。若某列为低电平，则该列线与置为低电平的行线交叉处的按键就是闭合的按键。

例 7-4 如图 7-3 所示，单片机的 P1 口用作键盘 I/O 口，键盘的列线接到 P1 口的低 4 位，键盘的行线接到 P1 口的高 4 位。列线 P1.0～P1.3 分别接有 4 个上拉电阻到正电源 +5V。

解： 根据题意可得到如图 7-4 所示的流程图。

键盘扫描程序如下。

方法一：

```
Keyboard    EQU    P1
START: MOV  Keyboard，#0FH     ;P1=00001111B
       MOV  A，Keyboard        ;读端口 P1 的值送入 A
```

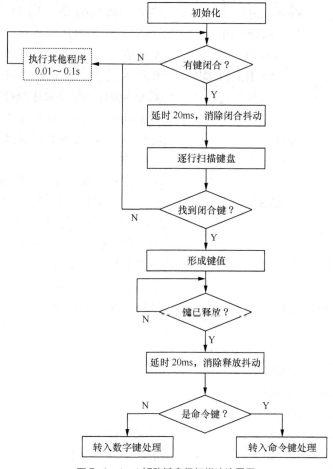

图7-4 4×4矩阵键盘行扫描法流程图

	ANL	A，#0FH	;A 的值与#0FH 进行与运算
	CJNE	A，#0FH，NEXT1	;判断 A 的值是否等于#0FH
			;①A==0FH，程序顺序执行
			;②A≠0FH，有按键按下，跳转到 NEXT1
	SJMP	NEXT4	;A==0FH,无按键按下
NEXT1:	ACALL	DELAY 20ms	;调用延时程序消抖
	MOV	Keyboard,#0FH	;P1=00001111B
	MOV	A， Keyboard	;读端口 P1 的值送入 A
	ANL	A， #0FH	;A 的值与#0FH 进行与运算
	CJNE	A， #0FH,NEXT2	;判断 A 的值是否等于#0FH
			;①A==0FH，程序顺序执行
			;②A≠0FH，有按键按下，跳转到 NEXT1
	SJMP	NEXT4	;A==0FH,无按键按下
NEXT2:	MOV	A， #0EFH	;程序进入逐行扫描程序
NEXT3:	MOV	R1， A	;将 A 的值送入 R1 寄存

```
            MOV      Keyboard,A              ;将 A 的值 EFH 送入 P1 口
            MOV      A,  Keyboard            ;读端口 P1 的值送入 A
            ANL      A,  #0FH                ;A 的值与#0FH 进行与运算
            CJNE     A,  #0FH,KCODE          ;判断 A 的值是否等于#0FH
                                             ;①A==0FH，程序顺序执行
                                             ;②A≠0FH，有按键按下，跳转到 KCODE
            MOV      A,R1                    ;将寄存于 R1 中的值送回 A
            SETB     C                       ;将 C 置 1
            RLC      A                       ;A 带位向左移一位，实现逐行扫描
            JC       NEXT3                   ;①C==1，4 行未扫描完,程序转到 NEXT2
                                             ;②C==0，4 行已扫描完毕
    KCODE:  ............                     ;进入相应健盘处理子程序
            SJMP NEXT3                       ;退出健盘处理子程序
    DELAY 20ms：............                  ;延时 20ms 子程序
    NEXT4:  SJMP START                      ;循环键盘扫描程序
            END
```

方法二：

```
            ORG      0000H
            AJMP     START
            ORG      0030H
    STAR:   Keyboard    EQU    P1            ;定义键盘接 P1 口
            Keyboard1   BIT    P1.4          ;定义第一列列名
            Keyboard2   BIT    P1.5          ;定义第二列列名
            Keyboard3   BIT    P1.6          ;定义第三列列名
            Keyboard4   BIT    P1.7          ;定义第四列列名
    S1:     MOV Keyboard，#0F0H              ;P1 口的低 4 位输出低电平，高 4 位输出高电平
            MOV      A,  Keyboard            ;读 P1 口的信号
            ORL      A,  #0FH                ;A 的值与 0FH 进行或运算
            CPL      A                       ;A 的值取反
            JZ   S1                          ;①若 A==0，无按键按下，跳转到 S1
                                             ;②若 A≠0，有按键按下，程序顺序执行
            ACALL  DELAY                     ;消抖
            MOV      A,  P1                  ;读端口 P1 的值
            ORL      A,  #0FH                ;A 的值与 0FH 进行或运算
            CPL A                            ;A 的值取反
            JZ   S1                          ;①若 A==0，无按键按下，跳转到 S1
                                             ;②若 A≠0，有按键按下，程序顺序执行
            MOV      Keyboard，#0FEH         ;判断按下的按键是否在第一列
            JNB      Keyboard1,  KEY1
```

```
            JN      Keyboard2，  KEY2
            JNB     Keyboard3，  KEY3
            JNB     Keyboard4，  KEY4
            MOV     Keyboard，#0FDH        ;判断按下的按键是否在第二列
            JNB     Keyboard1，  KEY5
            JNB     Keyboard2，  KEY6
            JNB     Keyboard3，  KEY7
            JNB     Keyboard4，  KEY8
            MOV     Keyboard，#0FBH        ;判断按下的按键是否在第三列
            JNB     Keyboard1，  KEY9
            JNB     Keyboard2，  KEY10
            JNB     Keyboard3，  KEY11
            JNB     Keyboard4，  KEY12
            MOV     Keyboard，   #0F7H     ;判断按下的按键是否在第四列
            JNB     Keyboard1，  KEY13
            JNB     Keyboard2，  KEY14
            JNB     Keyboard3，  KEY15
            JNB     Keyboard4，  KEY16
KEY1:   MOV     KEY，    #01H
        AJMP    S2
KEY2:   MOV     KEY，    #02H
        AJMP    S2
KEY3:   MOV     KEY，    #03H
        AJMP    S2
KEY4:   MOV     KEY，    #04H
        AJMP    S2
KEY5:   MOV     KEY，    #05H
        AJMP    S2
KEY6:   MOV     KEY，    #06H
        AJMP    S2
KEY7:   MOV     KEY，    #07H
        AJMP    S2
KEY8:   MOV     KEY，    #08H
        AJMP    S2
KEY9:   MOV     KEY，    #09H
        AJMP    S2
KEY10:  MOV     KEY，    #0AH
        AJMP    S2
KEY11:  MOV     KEY，    #0BH
```

```
            AJMP    S2
KEY12:  MOV     KEY,    #0CH
            AJMP    S2
KEY13:  MOV     KEY,    #0DH
            AJMP    S2
KEY14:  MOV     KEY,    #0EH
            AJMP    S2
KEY15:  MOV     KEY,    #0FH
            AJMP    S2
KEY16:  MOV     KEY,    #00H
            AJMP    S2
    S2:     AJMP    S1
            END
```

2. 高低电平翻转法

首先让 P1 口的高 4 位为 1，低 4 位为 0，。若有按键按下，则高 4 位中会有一个 1 翻转为 0，低 4 位不会变，此时即可确定被按下的键的行位置。

然后让 P1 口的高 4 位为 0，低 4 位为 1。若有按键按下，则低 4 位中会有一个 1 翻转为 0，高 4 位不会变，此时即可确定被按下的键的列位置。

最后将上述两者进行或运算，即可确定被按下的键的位置。

例 7-5 如图 7-3 所示，单片机的 P1 口用作键盘 I/O 口，键盘的列线接到 P1 口的低 4 位，键盘的行线接到 P1 口的高 4 位。列线 P1.0～P1.3 分别接有 4 个上拉电阻到正电源+5V，4 条行线和 4 条列线形成 16 个相交点。

```
            ORG     0000H
            AJMP    START
            ORG     0030H
START:  LCALL   KS2             ;检查是否有键闭合
            JNZ     MK1             ;A 非 0,有键闭合，则转 MK1
            LJMP    MK7             ;无键闭合转 MK7
MK1:    LCALL   DELAY           ;有键闭合,则延时 12ms
            LCALL   KS2             ;再次检查是否有键闭合
            JNZ     MK2             ;若有键闭合，则转 MK2
            LJMP    MK7             ;若无键闭合，转 MK7
MK2:    MOV     P1, #F0H        ;发行线全 0，列线全 1
            MOV     A, P1           ;读入列状态
            ANL     A, #F0H         ;保留高 4 位
            CJNE    A, #F0H,MK3     ;有键按下，则转
            LJMP    MK7             ;无闭合键，转 MK7
MK3:    MOV     R2, A           ;保存列值
```

```
            ORL     A, #0FH              ;列线信号保留,行线全 1
            MOV     P1, A                ;从列线输出
            MOV     A, P1                ;读入 P1 口状态
            ANL     A, #0FH              ;保留行线值
            ADD     A, R2                ;将行线值和列线值合并得到键特征值
            MOV     R2, A                ;键特征值暂存于 R2 中
            MOV     R3, #00H             ;R3 存键值(先送初始值 0)
            MOV     DPTR,#TRBE           ;指向键值表首地址
            MOV     R4, #10H             ;查找次数送入 R4
MK4:        CLR     A
            MOVC    A,@A+DPTR            ;表中值送入 A
            MOV     70H,A                ;暂存于 70H 单元中
            MOV     A, R2                ;键特征值送入 A
            CJNE    A, 70H,MK6           ;未查到, 则转
MK5:        LCALL   KS2                  ;是否还有键闭合
            JNZ     MK5                  ;若键未释放,则等待
            LCALL   DELAY                ;消抖
            AJMP    D1                   ;返主程序
MK6:        INC     R3                   ;键值加 1
            INC     DPTR                 ;表地址加 1
            DJNZ    R4, MK4              ;未查到,反复查找
MK7:        MOV     A, #FFH              ;无闭合键标志存入 A 中
D1:         SJMP    START
KS2:        MOV     P1, #F0H             ;闭合键判断子程序
            MOV     A, P1                ;发全扫描信号,读入列线值
            ORL     A, #0FH              ;保留列线值
            CPL A                        ;取反,无键按下为全 0
            RET                          ;返主程序
DELAY:      ......
            RET
TRBE:   DB 7EH, BEH, DEH, EEH, 7DH, BDH, DDH, EDH
        DB 7BH, BBH, DBH, EBH, 77H, B7H, D7H, E7H
```

7.4 A/D 接口技术

A/D（模/数）转换就是把模拟信号转换成数字信号。模拟信号在时间上是连续的，而数字信号在时间上是离散的，所以转换只能在一系列选定的瞬间对输入的模拟信号取样，然后再将这些取样值转换成输出信号量。

A/D 转换一般要经过取样、保持、量化及编码 4 个过程。

7.4.1　A/D 转换芯片的分类

由于实现 A/D 这种转换的工作原理和采用的工艺技术不同，因此生产出种类繁多的 A/D 转换芯片。

（1）按分辨率分为 4 位、6 位、8 位、10 位、14 位、16 位和 BCD 码的 31/2 位、51/2 位等。

（2）按转换速度可分为超高速、次超高速、高速、中速、低速等。

（3）按转换原则可分为直接 A/D 转换器和间接 A/D 转换器，把模拟信号直接转换为数字信号，如逐次逼近型、并联比较型等。

7.4.2　A/D 转换器的主要技术指标

A/D 转换器的主要技术指标有转换精度、转换速度等。选择 A/D 转换器时，除考虑这两项技术指标外，还应注意满足其输入电压的范围、输出数字的编码、工作温度范围和电压稳定度等方面的要求。

1．转换精度

单片集成 A/D 转换器的转换精度是用分辨率和转换误差来描述的。

（1）分辨率。

A/D 转换器的分辨率以输出二进制（或十进制）数的位数来表示。它说明 A/D 转换器对输入信号的分辨能力。从理论上讲，n 位输出的 A/D 转换器能区分 2^n 个不同等级的输入模拟电压，能区分输入电压的最小值为满量程输入的 $1/(2^n-1)$。在最大输入电压一定时，输出位数愈多，分辨率愈高。例如，A/D 转换器输出为 8 位二进制数，输入信号最大值为 5V，那么这个转换器应能区分出输入信号的最小电压为 $1/(2^8-1)$ V，即 19.6mV。

（2）转换误差。

转换误差通常以输出误差的最大值形式给出。它表示 A/D 转换器实际输出的数字量和理论上的输出数字量之间的差别。常用最低有效位的倍数表示。例如，相对误差 $\leqslant \pm LSB/2$，就表明实际输出的数字量和理论上应得到的输出数字量之间的误差小于最低位的半字。

2．转换时间

转换时间是指 A/D 转换器从转换控制信号到来开始，到输出端得到稳定的数字信号所经过的时间。A/D 转换器的转换时间与转换电路的类型有关。不同类型转换器的转换速度相差甚远。其中并行比较 A/D 转换器的转换速度最高，8 位二进制输出的单片集成 A/D 转换器转换时间可达到 50ns 以内，逐次比较型 A/D 转换器次之，它们多数转换时间在 10～50ms 以内，间接 A/D 转换器的速度最慢，如双积分 A/D 转换器的转换时间大都在几十毫秒至几百毫秒之间。在实际应用中，应从系统数据总位数、精度要求、输入模拟信号的范围以及输入信号极性等方面综合考虑 A/D 转换器的选用。

例 7-6　某信号采集系统要求用一片 A/D 转换集成芯片在 1s（秒）内对 16 个热电偶的输出电压分时进行 A/D 转换。已知热电偶输出电压范围为 0～0.025V（对应于 0～450℃温度范围），需要分辨的温度为 0.1℃，试问应选择多少位的 A/D 转换器，其转换时间是多少？

解：

（1）由于温度范围是 0～450℃，信号电压是 0～0.025V，分辨温度为 0.1℃，所以选用的 A/D 转换器分辨率需高于 0.1/450=1/4500。

因为 12 位 A/D 转换器的分辨率为 1/（2^{12}−1）=1/4095，所以必须选用 13 位的 A/D 转换器。

（2）由于设计要求在 1s 内对 16 个电压分时进行 A/D 转换，所以器件转换时间小于 1/16=62.5ms。

7.4.3　逐次逼近式 A/D 转换器 ADC0809

逐次逼近型 A/D 转换器，又叫逐次比较型 A/D 转换器，具有速度快、转换精度高的优点，是目前应用较多的一种 A/D 转换器。ADC0809 逐次逼近型 A/D 转换器，带有 8 位 A/D 转换器、8 路多路开关以及微处理机兼容的控制逻辑的 CMOS 组件，可以和单片机直接相接。

1. ADC0809 引脚说明

ADC0809 芯片有 28 个引脚，如图 7-5 所示。ADC0809 芯片采用双列直插式封装，下面说明各引脚功能。

IN0～IN7：8 路模拟量输入端。

D0～D7：8 位数字量输出端。

A、B、C：3 位地址输入线，用于选通 8 路模拟输入 IN0～IN7 上的一路模拟量输入。

ALE：地址锁存允许信号，高电平有效。只有 ALE=1 时，锁存通道的地址选择信号才能选通相应的模拟通道。

START：启动信号端。当其上升沿到来时，所有内部寄存器清零，下降沿到来时，ADC 开始转换。在 START 端给出的正脉冲信号至少需要有 100ns 宽度。

EOC：A/D 转换结束信号，当 A/D 转换结束时，此端输出一个高电平（转换期间一直为低电平），以通知其他设备（如微机）来取结果。

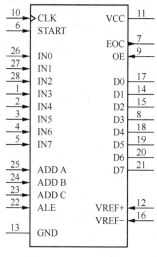

图 7-5　ADC0809 引脚图

OE：数据输出允许信号，高电平有效。当 A/D 转换结束时，此端输入一个高电平，打开输出三态门，输出数字量。

CLK：时钟脉冲输入端。因为 ADC0809 的内部没有时钟电路，所以所需时钟信号必须由外界提供，通常使用频率为 500kHz。

REF（+）、REF（−）：基准电压的正负电源端，其范围为 0～±U_{CC}。

V_{CC}：单一电源，+5V。

GND：接地。

2. ADC0809 的内部逻辑结构

ADC0809 包括 8 路模拟量开关、8 路 A/D 转换器、三态输出锁存器、地址锁存与译码器，如图 7-6 所示。

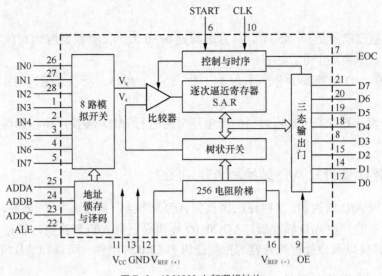

图 7-6　ADC0809 内部逻辑结构

ADC0809 的工作过程是首先输入 3 位地址，并使 ALE=1，将地址存入地址锁存器中。此地址经译码选通 8 路模拟输入之一到比较器。START 上升沿将逐次逼近寄存器复位。下降沿启动 A/D 转换，之后 EOC 输出信号变低，指示转换正在进行。直到 A/D 转换完成，EOC 变为高电平，指示 A/D 转换结束，结果数据已存入锁存器，这个信号可用作中断申请。当 OE 输入高电平时，输出三态门打开，转换结果的数字量输出到数据总线上。

3. ADC0809 的主要特性

（1）8 路 8 位 A/D 转换器，即分辨率 8 位。
（2）具有转换起停控制端。
（3）转换时间为 100μs。
（4）单个+5V 电源供电。
（5）模拟输入电压范围为 0～+5V，不需零点和满刻度校准。
（6）工作温度范围为-40～+85℃。
（7）低功耗，约 15mW。

ADC0809 对输入模拟量的要求为：信号单极性，电压范围为 0～5V，若信号太小，必须进行放大；输入的模拟量在转换过程中应该保持不变，如果模拟量变化太快，则需在输入前增加采样保持电路。

例 7-7　设有一个 8 路模拟量输入的巡回检测系统，使用中断方式采样数据，并依次存放在片内 RAM 的 A0H～A7H 单元中。采集完一遍以后即停止采集。其数据采样的初始化程序和中断服务程序如下。

初始化程序：

```
        MOV     R0, ＃A0H        ;设立数据存储区指针
        MOV     R2, ＃08H        ;8 路计数值
        SETB    IT1             ;边沿触发方式
        SETB    EA              ;CPU 开中断
```

SETB	EX1	;允许外部中断 1 中断
SJMP	$	;等待中断

中断服务程序：

MOVX	A,@DPTR	;采样数据
MOVX	@R0,A	;存数
INC	DPTR	;指向下一个模拟通道
INC	R0	;指向数据存储区下一个单元
DJNZ	R2,INT1	;8 路未转换完,继续
CLR	EA	;已转换完,关中断
CLR	EX1	;禁止外部中断 1 中断
RETI		;从中断返回

INT1:
MOVX	@DPTR,A	;再次启动 A/D 转换
RETI		;从中断返回

7.5　D/A 接口技术

数/模转换（digital to analog converter，D/A），就是将离散的数字量转换为连接变化的模拟量，是模数转换的逆变换。D/A 转换器基本上由 4 个部分组成，即权电阻网络、运算放大器、基准电源和模拟开关。

7.5.1　D/A 转换芯片的分类

1．电压输出型

电压输出型 D/A 转换器虽有直接从电阻阵列输出电压的，但一般采用内置输出放大器以低阻抗输出。直接输出电压的器件仅用于高阻抗负载，由于无输出放大器部分的延迟，故常作为高速 D/A 转换器使用。

2．电流输出型

电流输出型 D/A 转换器直接输出电流，但应用中通常外接"电流—电压"转换电路得到电压输出。"电流—电压"转换可以直接在输出引脚上连接一个负载电阻实现。但多采用的是外接运算放大器的形式。

另外，因为大部分 CMOS 型 D/A 转换器当输出电压不为 0 时，不能正确动作，所以必须外接运算放大器。由于在 D/A 转换器的电流建立时间上加入了外接运算放大器的延迟，所以 D/A 响应变慢。此外，这种电路中的运算放大器因输出引脚的内部电容而容易起振，所以有时必须做相位补偿。

3．乘算型

D/A 转换器中有使用恒定基准电压的，也有在基准电压输入上加交流信号的，后者由于能得到数字输入和基准电压输入相乘的结果而输出，因而称为乘算型 D/A 转换器。乘算型

D/A 转换器不仅可以进行乘法运算，而且可以作为使输入信号数字化地衰减的衰减器及对输入信号进行调制的调制器使用。

另外，根据建立时间的长短，D/A 转换器可分为以下几种类型：低速 D/A 转换器，建立时间≥100μs；中速 D/A 转换器，建立时间为 10～100μs；高速 D/A 转换器，建立时间为 1～10μs；较高速 D/A 转换器，建立时间为 100ns～1μs；超高速 D/A 转换器，建立时间＜100ns。

根据电阻网络的结构可以分为权电阻网络 D/A 转换器、T 型电阻网络 D/A 转换器、倒 T 型电阻网络 D/A 转换器、权电流 D/A 转换器等形式。

7.5.2　D/A 转换芯片的主要技术指标

1. 分辨率（resolution）

D/A 转换器的分辨率是指 DAC 电路所能分辨的最小输出电压与满量程输出电压之比。最小输出电压是指输入数字量只有最低有效位为 1 时的输出电压，最大输出电压是指输入数字量各位全为 1 时的输出电压。DAC 的分辨率可用下式表示。

$$\text{分辨率} = 1/(2^n-1)$$

其中 n 表示数字量的二进制位数。

2. 转换误差

DAC 产生误差的主要原因有：基准电压 V_{REF} 的波动、运放的零点漂移、电组网络中电阻阻值偏差等。转换误差常用满量程（full scale range，FSR）的百分数来表示。有时转换误差用最低有效位（least significant bit，LSB）的倍数来表示。

DAC 的转换误差主要有失调误差和满值误差。

DAC 的分辨率和转换误差共同决定了 DAC 的精度。要使 DAC 的精度高，不仅要选择位数高的 DAC，还要选用稳定度高的参考电压源 V_{REF} 和低漂移的运算放大器与其配合。

3. 建立时间（setting time）

建立时间是指输入数字量变化后，输出相应稳定的模拟量所经历的时间，是描述 DAC 转换速度的一个重要参数。

其他指标还有线性度（linearity）、转换精度、温度系数/漂移等。

7.5.3　DAC0832 运用简介

DAC0832 是 8 位分辨率的 D/A 转换集成芯片。其以价格低廉、接口简单、转换控制容易等优点，在单片机应用系统中得到广泛的应用。它由 8 位输入锁存器、8 位 DAC 寄存器、8 位 D/A 转换电路及转换控制电路构成。

DAC0832 转换结果以电流形式输出，当需要转换为相应电压输出时，可通过一个高输入阻抗的线性运算放大器实现。运算放大器的反馈电阻既可通过 RFB 端引用片内固有电阻，也可外接。DAC0832 逻辑输入满足 TTL 电平，可直接与 TTL 电路或微机电路连接。

1. DAC0832 引脚说明

DAC0832 芯片有 20 个引脚，如图 7-7 所示，下面说明各引脚的功能。

DI0～DI7：数据输入线，TLL 电平。其中 DI0 为最低位，DI7 为最高位。

ILE：输入寄存器锁存器信号，高电平有效。当 ILE、$\overline{CS}$ 和 $\overline{WR1}$ 均有效时，在 $\overline{LE1}$ 端产生正脉冲，当 $\overline{LE1}$ 为高电平时，输入寄存器的状态随输入线的状态变化，$\overline{LE1}$ 的负跳变将数据线上的信息打入输入存储器。

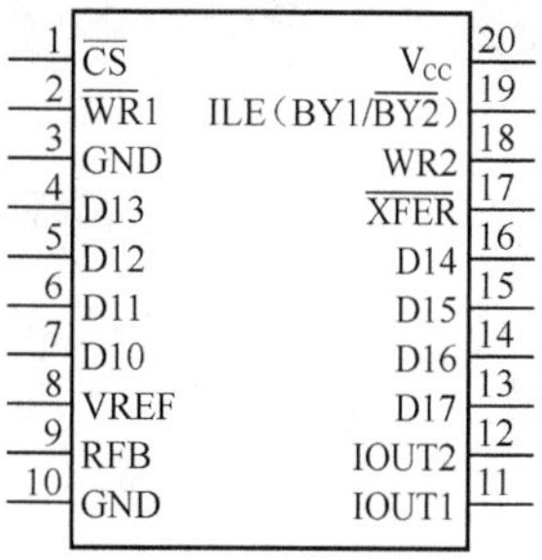

$\overline{CS}$：片选信号输入线，低电平有效。只有 $\overline{CS}$=0 且 ILE=1，$\overline{WR1}$=0 时，才能将输入数据存入输入寄存器。

$\overline{WR1}$：输入信号 1，为输入寄存器的写选通信号。在 $\overline{CS}$ 和 ILE 均有效时，$\overline{WR1}$=0 允许输入数字信号。

$\overline{WR2}$：输入信号 2，为 DAC 寄存器写选通输入线。$\overline{WR2}$ 和 $\overline{XFER}$ 同时有效时，将输入寄存器中的数据装入 DAC 寄存器。

$\overline{XFER}$：传送控制信号，低电平有效。它与 $\overline{WR2}$ 一起控制选通 DAC 寄存器。当 $\overline{XFER}$ 和 $\overline{WR2}$ 均有效时，在 $\overline{LE2}$ 产生正脉冲。当 $\overline{LE2}$ 为高电平时，DAC 寄存器的输出和输入锁存器的状态一致。$\overline{LE2}$ 的负跳变将输入锁存器的内容输入 DAC 寄存器。

IOUT1：模拟电流输出端 1，当输入全为 1 时，IOUT1 最大。

IOUT2：模拟电流输出端 2，其值与 IOUT1 之和为一个常数。IOUT1+IOUT2=常数。一般单极性输出时，IOUT2 接地，在双极性输出时接运算放大器。

Rfb：反馈信号输入线，芯片内部有反馈电阻。

Vcc：电源输入线（+5V～+15V）。

Vref：基准电压输入线（-10V～+10V）。

AGND：模拟地，摸拟信号和基准电源的参考地。

DGND：数字地，两种地线在基准电源处共地比较好。

图 7-7 DAC0832 引脚图

2. DAC0832 内部逻辑结构

DAC0832 的内部逻辑结构如图 7-8 所示，由 8 位输入锁存器、8 位 DAC 寄存器、8 位 D/A 转换电路及转换控制电路构成。DAC0832 以电流形式输出，当需要转换为电压输出时，可外接运算放大器。

3. DAC0832 的主要特性

（1）分辨率为 8 位，即可与单片机直接连接使用。

（2）电流稳定时间为 1μs。

（3）输入方式有单缓冲、双缓冲和直接数字 3 种类型。

（4）只需在满量程下调整其线性度。

（5）单一电源供电（5～15V）。

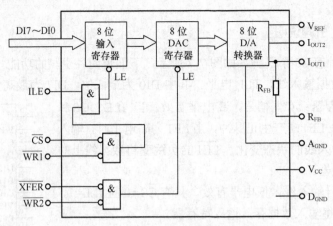

图 7-8　DAC0832 的内部逻辑结构图

（6）低功耗，约 20mW。

4．DAC0832 的工作方式

根据 DAC0832 的输入寄存器和 DAC 寄存器不同的控制方法，DAC0832 有如下 3 种工作方式。

（1）单缓冲方式。一个寄存器工作于直通状态，另一个工作于受控锁存器状态。在不要求多相 D/A 同时输出时，可以采用单缓冲方式，此时只需一次写操作，即可开始转换，从而提高 D/A 的数据吞吐量。单缓冲方式可分为以下两种情况。

① 控制输入寄存器且 DAC 寄存器接成直通方式；

② 控制 DAC 寄存器且输入寄存器接成直通方式。

（2）双缓冲方式。两个寄存器均工作于受控锁存器状态，双缓冲方式是先使输入寄存器接收数据，再控制输入寄存器的数据输出到 DAC 寄存器，即分两次锁存输入数据。此方式适用于多个 D/A 转换同步输出的情况。

（3）直通方式。直通方式是数据不经两级锁存器锁存，即 $\overline{CS}$、$\overline{WR1}$、$\overline{WR2}$、$\overline{XFER}$ 均接地，ILE 接高电平。此方式适用于连续反馈控制线路和不带微机的控制系统。不过在使用时，必须通过另加 I/O 接口与 CPU 连接，以匹配 CPU 与 D/A 转换。

5．DAC0832 的应用

例 7-8　利用单片机与 DAC0832 设计三角波发生器，信号频率为 500Hz，幅值为 1V。

```
DA1BIT P2.7                ;允许 DAC0832 转换
DAdata   DATA P0           ;输出当前的波形值
DAdataNumber DATA 30H      ;记录现需读取的三角波的第几个点
ORG      0000H
AJMP     START
ORG      000BH             ;定时器 0 中断入口
AJMP     TriangleOUT
ORG      0030H
```

```
START:      MOV     P0,      #00H
            MOV     DPTR,   #Triangletab    ;三角波波形表
            MOV     TMOD,#01H               ;定时器 1 工作于方式 1
            SETB    ET0                     ;开时器中断控制
            MOV     TH0,#0FFH
            MOV     Tl0,#0DDH
            MOV     A,#00H
            MOV     DAdataNumber,#00H
            SETB    EA
            SETB    TR0
            MOV     R7,#57
            SJMP $
TriangleOUT:    PUSH    ACC                 ;中断程序
                PUSH    PSW
                MOV     TH0,#0FFH
                MOV     Tl0,#0DDH
                LCALL   PUTTRIANGLE
                POP     ACC
                POP PSW
                RETI
PUTTRIANGLE:MOV A,DAdataNumber              ;输出三角波
            INC A
            MOV     DAdataNumber,A
            MOVC    A,@A+DPTR
            MOV     DAdata,A
            CLR     DA1                     ;通知 DA 器件提取待转换的数据
            NOP
            NOP
            NOP
            SETB    DA1                     ;关闭转换通道，防止误操作
            DJNZ    R7,DL3                  ;是否输出了一个完整波形
            MOV     DAdataNumber，#00H
            MOV     R7，#57
    DL3:    RET
    DELAY:  MOV R5,#14H                     ;延时子程序
    DL1:    MOV R6，#19H
            DJNZ R6,$
            DJNZ R5,DL1
            RET
```

```
Triangletab:    DB   1aH,21H,28H,2fH,36H,3dH,44H,4bH
                DB   52H,59H,60H,67H,6eH,75H,7cH,83H
                DB   8aH,91H,98H,9fH,0a6H,0adH,0b4H,0bbH
                DB   0c2H,0c9H,0d0H,0d7H,0deH,0e5H
                DB   0deH,0d7H,0d0H,0c9H,0c2H,0bbH,0b4H,0adH
                DB   0a6H,9fH,98H,91H,8aH,83H,7cH,75H
                DB   6eH,67H,60H,59H,52H,4bH,44H,3dH
                DB   36H,2fH,28H,21H          ;//三角波代码表
                END
```

习题

1. 设计秒表，时间最长可记录 2 小时，计满后停在 2 小时处，并利用发光二极管提示记录时间已超出设计范围，使用数码管做为显示器。

2. 编写时钟程序，使用 LCD1602 做为显示器。并具有整点提示功能。例如，1 点时，二极管闪烁一次，2 点时闪烁二次，以此类推。

3. 某信号采集系统要求用一片 A/D 转换集成芯片在 0.5s 内对 10 个热电偶的输出电压分时进行 A/D 转换。已知热电偶输出电压范围为 0~0.03V（对应于 0~500℃温度范围），需要分辨的温度为 0.1℃，试问应选择多少位的 A/D 转换器，其转换时间是多少？

4. 编写程序，请利用单片机与 DAC0832 设计一个锯齿波发生器，信号频率为 500Hz，幅值为 1V。

5. 编写程序在 LCD1602 第一行的正中显示名字的拼音形式，第二行的正中显示学号。

6. 为什么 LCD1602 需要设计判忙指令？此指令可否不用？用什么方法可代替此指令的作用？

7. 使用什么方法可同时驱动多个数码管？如何减少使用 I/O 端口资源？

8. 定时器中断法动态扫描法有什么优点？使用定时器中断法动态扫描法在二个数码管上分别输出数字 7。

第8章 集成开发环境 Keil 使用介绍

8.1 Keil 简介

单片机开发中除必要的硬件外，同样离不开软件，汇编语言源程序要变为 CPU 可以执行的机器码有两种方法，一种是手工汇编，另一种是机器汇编，目前已极少使用手工汇编的方法了。机器汇编是通过汇编软件将源程序变为机器码。用于 MCS-51 单片机的汇编软件有早期的 A51，随着单片机开发技术的不断发展，从普遍使用汇编语言到逐渐使用高级语言开发，单片机的开发软件也在不断发展，Keil 软件是目前最流行的开发 MCS-51 系列单片机的软件，这从近年来各仿真机厂商纷纷宣布全面支持 Keil 即可看出。Keil 开发环境是德国 Keil Software、Inc.and Keil Elektro nik GmbH 开发的微处理器开发平台。它提供了包括 C 编译器、宏汇编、连接器、库管理和一个功能强大的仿真调试器等在内的完整开发方案，通过一个集成开发环境（uVision）将这些部分组合在一起。掌握这一软件的使用对于使用 51 系列单片机的爱好者来说是十分必要的，如果你使用 C 语言编程，那么 Keil 几乎就是你的不二之选（目前在国内你只能买到该软件、而你买的仿真机也很可能只支持该软件），即使不使用 C 语言而仅用汇编语言编程，其方便易用的集成环境、强大的软件仿真调试工具也会令你事半功倍。我们将通过一些实例来学习 Keil 软件的使用。

8.2 Keil 的使用

8.2.1 工程的建立

用户正确安装 keil 软件后，就会在桌面上建立名为"Keil uVision4"的快捷方式图标，只需双击这个快捷方式图标，即可启动该软件。

Keil 软件启动后，程序窗口的左边有一个工程管理窗口，该窗口有 4 个选项卡，分别是 Project、Books、Functions 和 Templates，分别显示当前项目的文件结构、CPU 的寄存器、部分特殊功能寄存器的值（调试时才出现）和所选 CPU 的附加说明文件，如果是第一次启动 Keil，那么这 4 个选项卡全是空的，如图 8-1 所示。

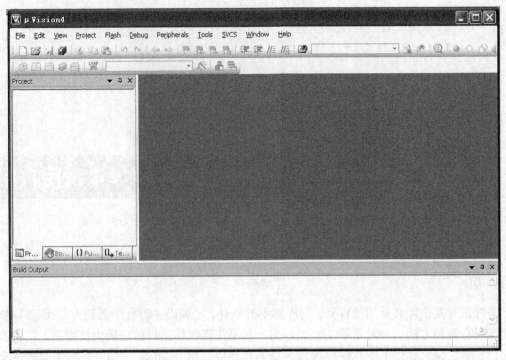

图 8-1　第一次打开 Keil uVision 软件出现的界面

　　在项目开发中，并不是仅有一个源程序就行了，还要为这个项目选择 CPU（Keil 支持数百种 CPU，而这些 CPU 的特性并不完全相同），确定编译、汇编、连接的参数，指定调试的方式，有一些项目还会由多个文件组成等，为管理和使用方便，Keil 使用工程（Project）将这些参数设置和所需的所有文件都加在一个工程中，只能对工程而不能对单一的源程序进行编译（汇编）和连接等操作，下面介绍建立工程的步骤。

　　（1）选择"Project"→"New µ Vision Project"命令，如图 8-2 所示。

图 8-2　创建工程选项

　　（2）打开"Create New Project"对话框，为了管理方便最好新建一个文件夹，因为一个工程中会包含多个文件，一般以工程名作为该新建文件夹的名称，如图 8-3 所示。选择刚才建立的文件夹后单击"打开"按钮，在编辑框中输入工程的名称（这里设为 exam1），不需要扩展名，如图 8-4 所示。

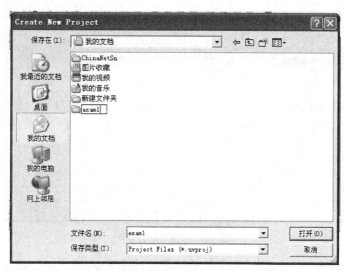

图 8-3　给新建的工程建立　个文件夹

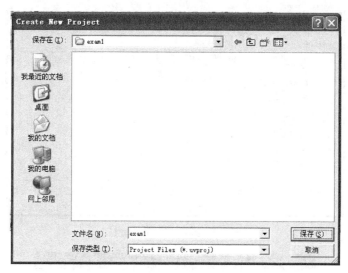

图 8-4　命名工程

（3）单击"保存"按钮，打开如图 8-5 所示的对话框，要求选择目标 CPU（即所用芯片的型号），Keil 支持的 CPU 很多，这里选择 Atmel 公司的 89C51 芯片。单击 Atmel 前面的"+"号，展开该层，单击其中的 AT89C51，如图 8-6 所示，单击"OK"按钮，完成 MCU 型号的选择。

（4）软件提示是否要复制一个源文件到这个工程中，这里选择"否"，因为要自己添加一个 C 语言或者汇编语言源文件，如图 8-7 所示。

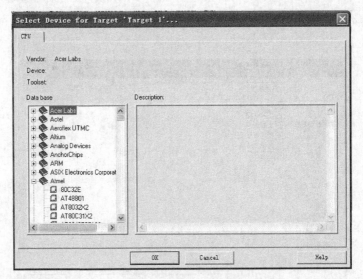

图 8-5 选择 MCU 的型号

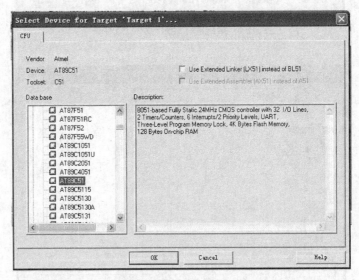

图 8-6 选择 AT89C51 单片机

图 8-7 提示是否复制源文件到工程中

（5）在工程窗口的文件页中，出现了"Target 1"，前面有"+"号，单击"+"号展开，可以看到下一层的"Source Group1"，这时的工程还是一个空的，里面什么文件也没有，至此完整地建立了一个工程。

8.2.2 源文件的建立

选择"File"→"New"命令，如图 8-8 所示，或者单击工具栏的"新建文件"按钮，在项目窗口的右侧打开一个新的文本编缉窗口，如图 8-9 所示。

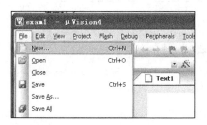

图 8-8 以菜单方式建立源文件

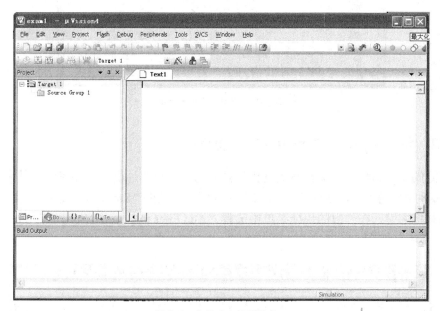

图 8-9 文件建立好后的窗口

建立好文件后一定要先保存，如果先将程序输入文件中再保存的话，有时由于特殊原因导致计算机断电或者死机，那么所花费的时间和精力就相当于白费了，因此一定要养成先保存再输入程序的好习惯。而且先保存再输入程序，程序中的关键字会变成其他颜色，有利于在编写程序时检查所写关键字是否有误。

保存文件很简单，也有很多种方法，这里介绍最常用的 3 种方法。第一种方法是直接单击工具条上的"保存"按钮 🖫；第二种方法是单击"File"→"Save"命令；第三种方法是单击"File"→"Save As"命令。其中第三种方法最好，因为软件每次都会提示将这个文件保存到哪个路径里面，一定要选择保存在建立工程时建立的文件夹下，这样有利于查找该文件和管理。第一次执行上面 3 种方法的其中一种都会弹出文件保存对话框，在"文件名"文本框中输入源文件的名称和后缀名，为了便于管理文件，一般源文件名和工程名一致，文件后缀名为".asm 或.c"，其中".asm"表示建立的是汇编语言源文件，".c"表示建立的是 C语言源文件，由于是使用汇编语言编程，因此这里的后缀名为 asm，如图 8-10 所示。

在图 8-10 所示的对话框中单击"保存"按钮，即可保存源文件，并返回软件界面。这时可以在源文件中输入自己的程序，并注意经常保存，以免因计算机断电或者死机导致没有保存所写的程序。

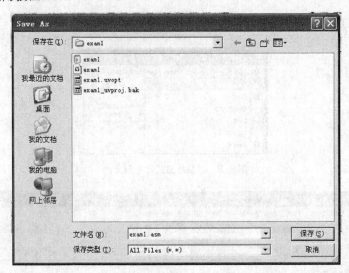

图 8-10　保存源文件对话框

8.2.3　将源文件加到工程中并输入源程序

建立好的工程和程序源文件其实是相互独立的，一个单片机工程要将源文件和工程联系到一起。这时需要手动加入源程序，单击软件界面左上角的"Source Group1"使其反白显示，然后单击鼠标右键，在弹出的快捷菜单中选择"Add Files to Group'Source Group1'"选项，如图 8-11 所示。

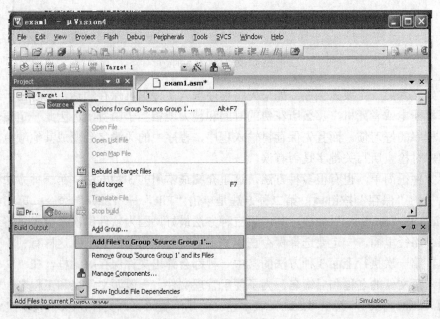

图 8-11　添加源文件命令

打开如图 8-12 所示的对话框，要求寻找源文件，注意，该对话框下面的"文件类型"默认为 C source file（*.c），即以 C 为扩展名的文件。

由于我们以汇编语言来编写程序，因此源文件以 asm 为扩展名，所以在列表框中找不到 exam1.asm，要修改文件类型，在对话框中的"文件类型"下拉列表中选择"Asm Source file，如图 8-13 所示，这样，在列表框中就可以找到 exam1.asm 文件了，如图 8-14 所示。

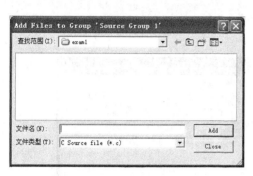

图 8-12　添加源文件窗口

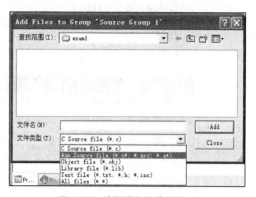

图 8-13　选择源文件的类型

在上面的对话框中双击 exam1.asm 文件，将文件加入项目，注意，文件加入项目后，该对话框并不消失，等待继续加入其他文件，但初学时常会误认为操作没有成功而再次双击同一文件，这时会出现如图 8-15 所示的对话框，提示所选文件已在列表中。

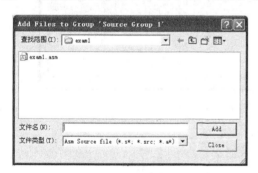

图 8-14　添加汇编语言源文件

图 8-15　提醒文件已在列表中

此时应单击"确定"按钮，返回前一个对话框，然后单击"Close"按钮，返回主界面，返回后，单击"SourceGroup 1"前的加号，会发现 exam1.asm 文件已在其中。双击文件名 exam1.asm，即打开该源程序，如图 8-16 所示。

需要说明的是，源文件就是一般的文本文件，不一定使用 Keil 软件编写，可以使用任意文本编辑器编写。至此就将一个源文件添加到工程中了，接下来编写源程序和编译程序生产目标文件。

下面将一代码输入该源程序中。具体软件代码如下，硬件如图 8-17 所示。将代码输入到软件后的主界面如图 8-18 所示。

```
        MOV   A，#0FEH
MAIN:   MOV   P1，A
        RL    A
        LCALL DELAY
        AJMP  MAIN
```

```
DELAY: MOV   R7，#255
   D1: MOV   R6，#255
       DJNZ  R6，$
       DJNZ  R7，D1
       RET
       END
```

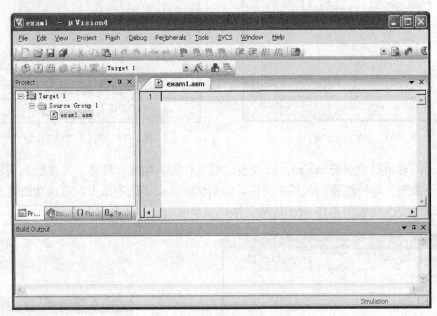

图 8-16　打开源程序文件后的主界面

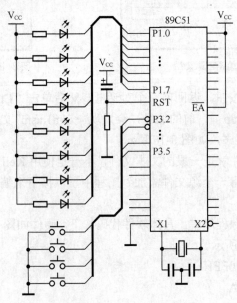

图 8-17　实例一的硬件原理图

将实例一的程序输入软件后的主界面如图 8-18 所示。

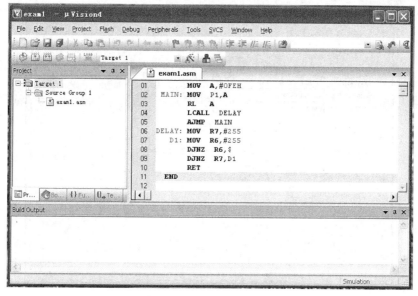

图 8-18　输入程序后的主界面

8.2.4　工程的详细设置

工程建立好以后，还要对工程进行进一步的设置，以满足要求。

单击 Project 窗格的 Target 1，然后执行"Project"→"Option for target'target1'"命令，如图 8-19 所示，也可以按 Alt+F7 组合键，或者单击 按钮。

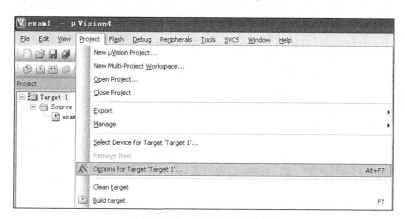

图 8-19　打开设置对话框的步骤

执行上面的操作后，打开工程设置对话框，这个对话框可谓非常复杂，共有 8 个选项卡，要全部搞清可不容易，好在绝大部分设置项取默认值即可，如图 8-20 所示。

设置对话框中默认选择 Target 选项卡，如图 8-21 所示，Xtal 用于设置晶振频率值，默认值是所选目标 CPU 的最高可用频率值，对于所选的 AT89C51 而言是 24M，该数值与最终产生的目标代码无关，仅用于软件模拟调试时显示程序执行时间。正确设置该数值可使显示时间与实际所用时间一致，一般将其设置成与硬件所用晶振频率相同，如果没必要了解程序执行的时间，也可以不设，这里设置为 12.0，如图 8-21 所示。

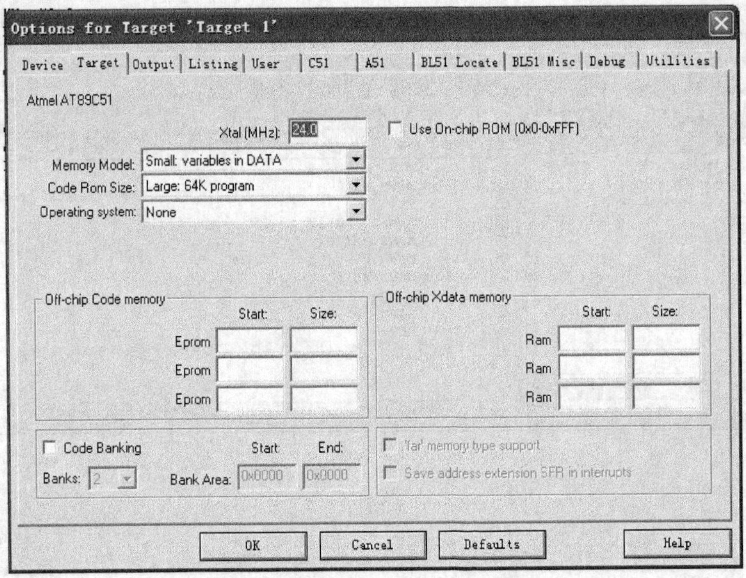

图 8-20　设置对话框的 Target 选项卡

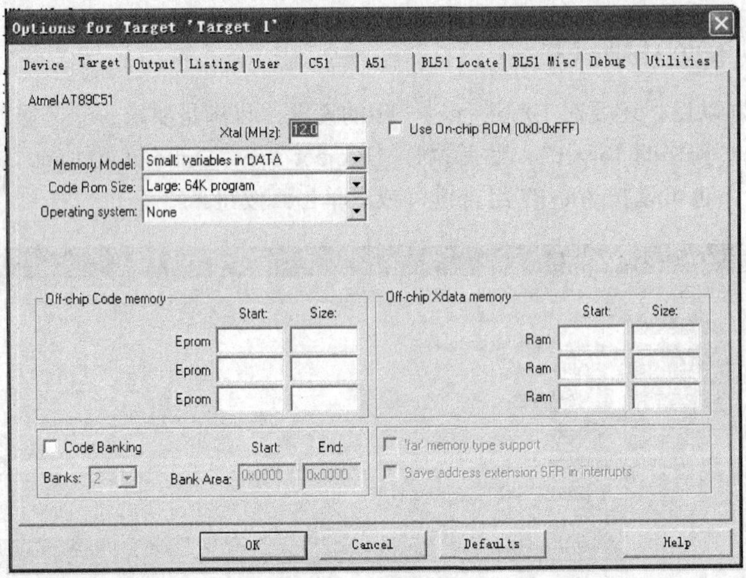

图 8-21　设置晶振频率

　　Memory Model 用于设置 RAM 使用情况，有 3 个选项，Small:variables in DATA 表示所有变量都在单片机的内部 RAM 中；选择 Compact:variables in PDATA 可以使用一页外部扩展 RAM；选择 Larget:variables in XDATA 可以使用全部外部的扩展 RAM，如图 8-22 所示。一般都采用默认方式，即 Small:variables in DATA 方式。

　　Code Rom Size 用于设置 ROM 空间的使用，同样也有 3 个选项：Small:program 2k or less 模式，只用低于 2KB 的程序空间；Compact:2k functions，64k program 模式，单个函数的代码量不能超过 2KB，整个程序可以使用 64KB 程序空间；Larget:64k program 模式，可用全部 64KB 空间，如图 8-23 所示。一般都采用默认方式，即 Larget:64k program。

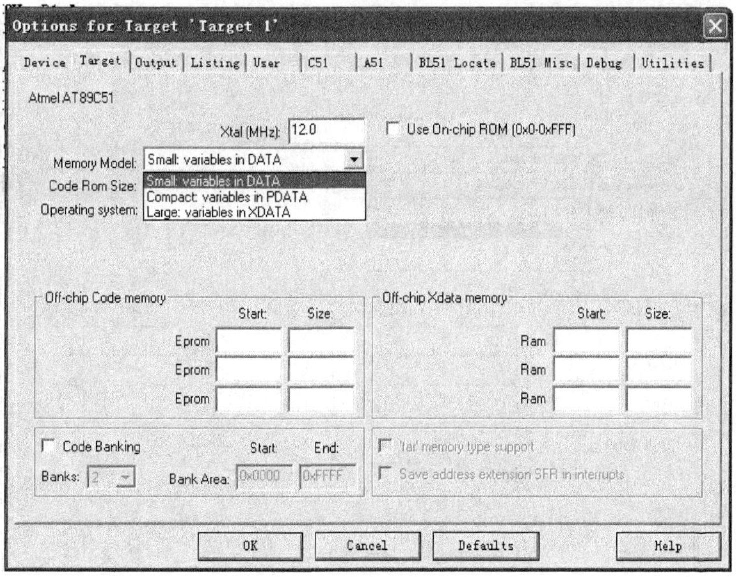

图 8-22　设置 Memory Model

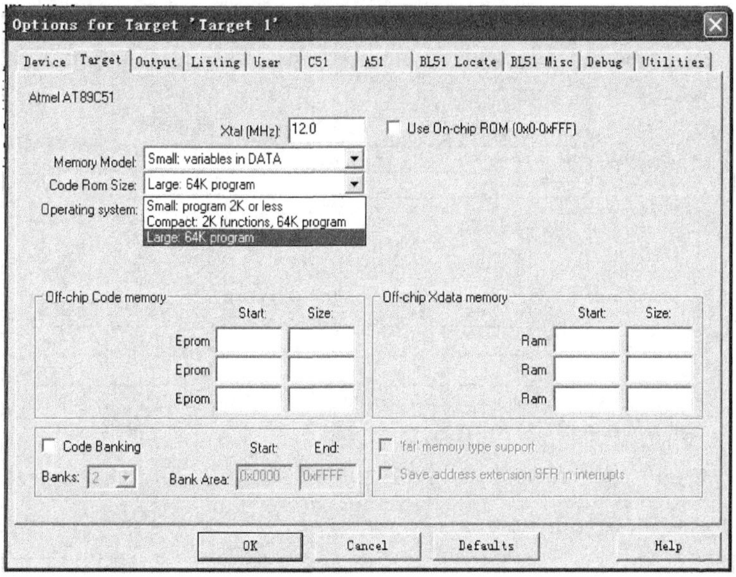

图 8-23　设置 Code Rom Size

　　Operating system 用于选择操作系统，Keil 提供了两种操作系统：RTX-51 Tiny 和 RTR-51 Full。通常不使用任何操作系统，即选择该项的默认值：None（不使用任何操作系统），如图 8-24 所示。

　　Use On-chip ROM 用于确认是否仅使用片内 ROM（注意：选中该项并不会影响最终生成的目标代码量）；Off-chip Code memory 用于确定系统扩展 ROM 的地址范围，Off-chip Xdata memory 选项组用于确定系统扩展 RAM 的地址范围，这些选项必须根据所用硬件决定，由于该例是单片应用，未进行任何扩展，所以均不重新选择，保持默认设置，如图 8-25 所示。

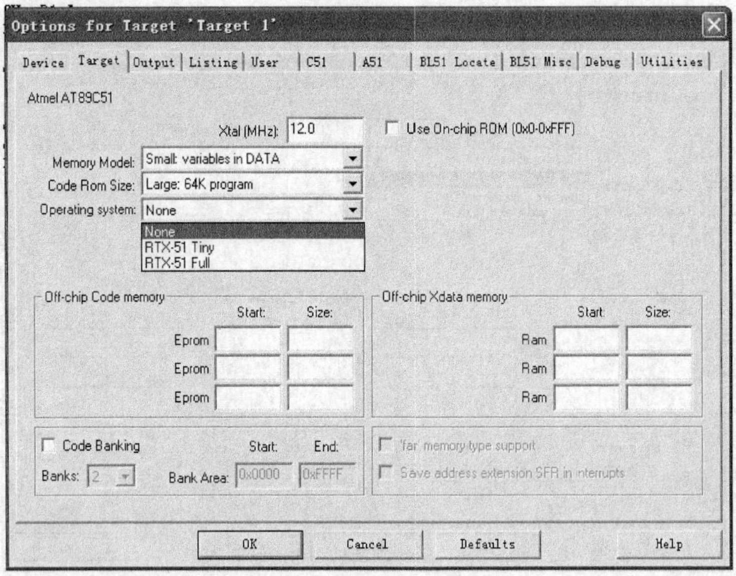

图 8-24 设置 Operating system

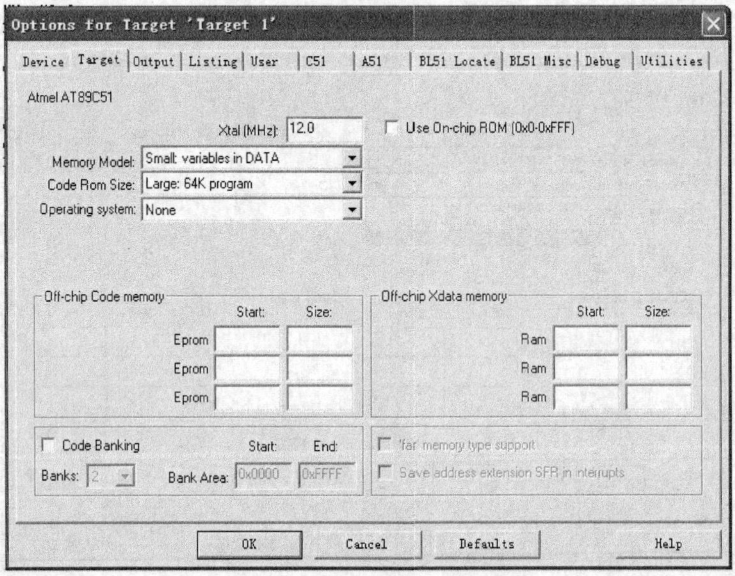

图 8-25 设置 Target 选项卡的其他选项

Target Output 选项卡如图 8-26 所示。其中 Create HEX File 用于生成可执行代码文件（可以用编程器写入单片机芯片的 HEX 格式文件，文件的扩展名为.HEX），默认情况下该项未被选中，如果要做硬件实验或制作出实物产品，就必须选中该项，这一点是初学者易疏忽的，在此特别提醒注意。选中 Debug Information 将会产生调试信息，如果需要对程序进行调试，应当选中该项。选中 Browse Information 可以产生浏览信息，该信息可以执行 "view"→"Browse"命令来查看，这里取默认值。单击 "Select Folder for Objects" 按钮，可以选择最终的目标文件所在的文件夹，默认是与工程文件在同一个文件夹中。Name of Executable 用于指定最终生成的目标文件的名称，默认与工程同名，这两项一般不需要更改。

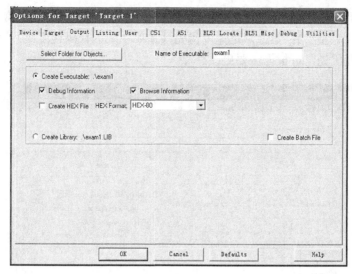

图 8-26　Output 选项卡

工程设置对话框中的其他选项卡与 C51 编译选项、A51 的汇编选项、BL51 连接器的连接选项等用法有关，这里均取默认值，不做任何修改。以下仅对有关选项卡中的常用选项进行简单介绍。

Listing 选项卡用于调整列表文件的内容和形式，如图 8-27 所示。在汇编或编译完成后将产生*.lst 列表文件，在连接完成后也将产生*.m51 列表文件。该选项卡中比较常用的选项是"C Compile Listing"下的"Assemble Code"选项，选中该选项可以在列表文件中生成 C 语言源程序对应的汇编代码。

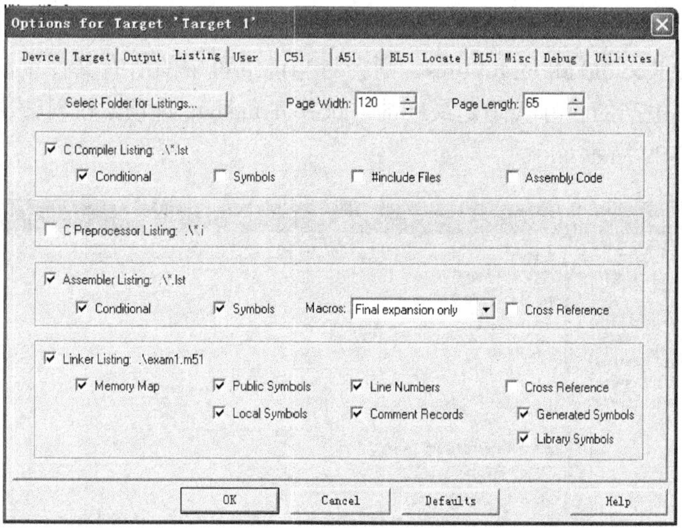

图 8-27　Listing 选项卡

C51 选项卡用于对 Keil 的 C51 编译器的编译过程进行控制，其中比较常用的是"Code Optimization"选项组，如图 8-28 所示。该组中的 Level 用于选择优化等级，C51 在对源程序进行编译时，可以对代码多至 9 级优化，默认使用 8 级，一般不必修改，如果在编译中出现一些问题，可以降低优化级别试一试。Emphasis 用于选择编译优先方式，第一项是代码量优化（最终生成的代码量小）；第二项是速度优先（最终生成的代码速度快）；第三项是默认选项，即默认以速度优先，可根据需要更改。

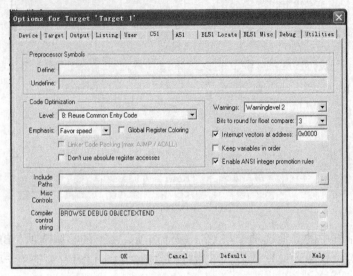

图 8-28　C51 选项卡

设置完成后单击"OK"按钮返回主界面，工程文件建立、设置完毕。

8.2.5　编译、连接、生成目标文件

在设置好工程后，即可进行编译、连接。选择"Project"→"Build target"命令，对当前工程进行连接，如果当前文件已修改，软件会先对该文件进行编译，然后再连接以产生目标代码；如果选择 Rebuild all target files，则会对当前工程中的所有文件重新进行编译然后再连接，以确保最终生产的目标代码是最新的，选择 Translate 选项，仅对该文件进行编译，不进行连接，如图 8-29 所示。

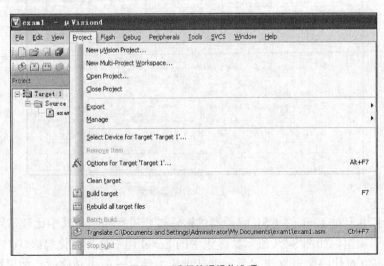

图 8-29　选择编译操作选项

以上操作也可以单击工具栏按钮进行。图 8-30 是有关编译、设置的工具栏按钮，从左到右分别是：编译、编译连接、全部重建、停止编译和对工程进行设置。

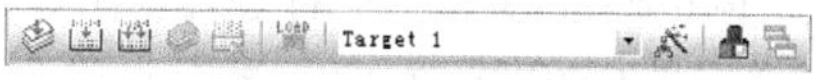

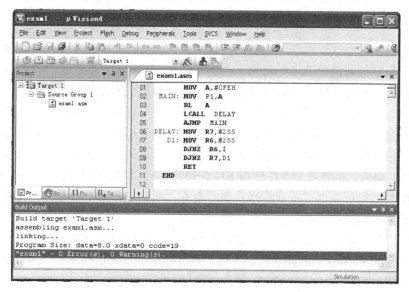

图 8-30　编译按钮

编译过程中的信息将出现在输出窗口中的 Build 选项卡中，如果源程序中有语法错误，就会出现错误报告，双击报告中提示错误的行，可以定位到出错的位置，对源程序进行修改后，最终会得到如图 8-31 所示的结果，提示获得了名为 exam1.hex 的文件，该文件即可被编程器读入并写到芯片中，同时产生一些其他相关文件，它们可被用于 Keil 的仿真与调试，这时可以进入下一步调试的工作。

图 8-31　编译成功并成功生成 hex 文件后的软件界面

8.2.6　调试命令

前面学习了如何建立工程、汇编、连接工程，并获得目标代码，但是做到这一步仅仅代表源程序没有语法错误，源程序中存在的其他错误，必须通过调试才能发现并解决。事实上，除了极简单的程序以外，绝大部分的程序都要通过反复调试才能得到正确的结果，因此，调试是软件开发中的一个重要环节，下面将介绍常用的调试命令，并通过实例介绍这些命令的使用。

对工程进行汇编、连接以后，按 Ctrl+F5 组合键，选择"Debug"→"Start/Stop Debug Session"命令（见图 8-32），或者单击软件菜单栏中的 按钮，即可进入调试状态。Keil 软件内建了一个仿真 CPU 用来模拟执行程序，该仿真 CPU 功能强大，可以在没有硬件和仿真机的情况下调试。下面将要学的就是该模拟调试功能，不过在学习之前必须明确，模拟毕竟只是模拟，与真实的硬件执行程序肯定还是有区别的，其中最明显的就是时序，软件模拟是不

图 8-32　进入调试模式操作步骤

可能和真实的硬件具有相同的时序的,具体的表现就是程序执行的速度和使用的计算机有关,计算机性能越好,运行速度越快。

进入调试状态后,界面与编辑状态相比有明显的变化,Debug 菜单项中原来不能用的命令现在可以使用了,工具栏多出一个用于运行和调试的工具条,如图 8-33 所示。Debug 菜单中的大部分命令可以在此找到对应的按钮,从左到右依次是复位、运行、暂停、单步、过程单步、执行完当前子程序、运行到当前行、下一状态、打开跟踪、观察跟踪、反汇编窗口、观察窗口、代码作用范围分析、1#串行窗口、内存窗口、性能分析、工具按钮等。

图 8-33　调试工具条

学习程序调试,必须明确两个重要的概念,即单步执行和全速运行。全速执行是指一行程序执行完以后紧接着执行下一行程序,中间不停止,这样程序执行的速度很快,并可以看到该段程序执行的总体效果,即最终结果是否正确,但如果程序有错,则难以确认错误出现在哪些程序行。单步执行是每次执行一行程序,执行完该行程序以后即停止,等待命令执行下一行程序,此时可以观察该行程序执行完后的结果是否与编写该行程序所想要得到的结果相同,借此可以找到程序中的问题所在。程序调试中,这两种运行方式都要用到。

使用 STEP 菜单、相应的命令按钮或 F11 快捷键都可以单步执行程序,使用 STEP OVER 菜单 或 F10 功能键可以以过程单步形式执行命令。所谓过程单步,是指将汇编语言中的子程序或高级语言中的函数作为一个语句来全速执行。

按 F11 键,可以看到了源程序窗口的左边出现了一个黄色的调试箭头,该箭头指向源程序的第一行,如图 8-34 所示。每按一次 F11 键,即执行该箭头所指程序行,然后箭头指向下一行,当箭头指向 LCALL DELAY 行时,再次按 F11 键,会发现箭头指向了延时子程序 DELAY 的第一行。不断按 F11 键,即可逐步执行延时子程序。

图 8-34　调试窗口

通过单步执行程序,可以找出一些问题的所在,但是仅依靠单步执行来查错有时是困难的,或虽能查出错误但效率很低,为此必须辅之以其他方法,如本例中的延时程序是通过将 D2: DJNZ　R6,D2 这一行程序执行 6 万多次来达到延时目的的,如果用按 F1 键 6 万多次的方法来执行完该程序行,显然不合适,为此,可以采取以下方法

(1)单击子程序的最后一行(ret),把光标定位于该行,然后选择"Debug"→"Run to Cursor line"(执行到光标所在行)命令,即可全速执行完黄色箭头与光标之间的程序行。

(2)进入该子程序后,选择"Debug"→"Step Out of Current Function"(单步执行到该函数外)命令,即全速执行完光标所在的子程序或子函数并指向主程序中的下一行程序(这里是 JMP　LOOP 行)。

(3)在开始调试时,按 F10 键而非 F11 键,程序也将单步执行,不同的是,执行到 lcall delay 行时,按 F10 键,调试光标不进入子程序的内部,而是全速执行完该子程序,然后直接指向下一行"JMP　LOOP"。

灵活应用这几种方法,可以大大提高查错的效率。

指令	功能说明	机器码	字节数	周期数
	数据传送类指令			
MOV A，Rn	寄存器送累加器	E8～EF	1	1
MOV A，direct	直接字节送累加器	E5（direct）	2	1
MOV A，@Ri	间接 RAM 送累加器	E6～E7	1	1
MOV A，#data	立即数送累加器	74（data）	2	1
MOV Rn，A	累加器送寄存器	F8～FF	1	1
MOV Rn，direct	直接字节送寄存器	A8～AF（direct）	2	2
MOV Rn，#data	立即数送寄存器	78～7F（data）	2	1
MOV direct，A	累加器送直接字节	F5（direct）	2	1
MOV direct，Rn	寄存器送直接字节	88～8F（direct）	2	2
MOV direct2，direct1	直接字节送直接字节	85（direct1）（direct2）	3	2
MOV direct，@Ri	间接 RAM 送直接字节	86～87（direct）	2	2
MOV direct，#data	立即数送直接字节	75（direct）（data）	3	2
MOV @Ri，A	累加器送间接 RAM	F6～F7	1	1
MOV @Ri，direct	直接字节送间接 RAM	A6～A7（direct）	2	2
MOV @Ri，#data	立即数送间接 RAM	76～77（data）	2	1
MOV DPTR，# data16	16 位立即数送数据指针	90（data15～8）（data7～0）	3	2
MOVC A，@A+DPTR	以 DPTR 为变址寻址的程序存储器读操作	93	1	2
MOVC A，@A+PC	以 PC 为变址寻址的程序存储器读操作	83	1	2
MOVX A，@Ri	外部 RAM（8 位地址）读操作	E2～E3	1	2
MOVX A，@ DPTR	外部 RAM（16 位地址）读操作	E0	1	2
MOVX @Ri，A	外部 RAM（8 位地址）写操作	F2～F3	1	2
MOVX @ DPTR，A	外部 RAM（16 位地址）写操作	F0	1	2
PUSH direct	直接字节进栈	C0（direct）	2	2

指令	功能说明	机器码	字节数	周期数
POP direct	直接字节出栈	D0（direct）	2	2
XCH A，Rn	交换累加器和寄存器	C8～CF	1	1
XCH A，direct	交换累加器和直接字节	C5（direct）	2	1
XCH A，@Ri	交换累加器和间接 RAM	C6～C7	1	1
XCHD A，@Ri	交换累加器和间接 RAM 的低 4 位	D6～D7	1	1
SWAP A	半字节交换	C4	1	1
算术运算指令				
ADD A，Rn	寄存器加到累加器	28～2F	1	1
ADD A，direct	直接字节加到累加器	25（direct）	2	1
ADD A，@Ri	间接 RAM 加到累加器	26～27	1	1
ADD A，#data	立即数加到累加器	24（data）	2	1
ADDC A，Rn	寄存器带进位加到累加器	38～3F	1	1
ADDC A，direct	直接字节带进位加到累加器	35（direct）	2	1
ADDC A，@Ri	间接 RAM 带进位加到累加器	36～37	1	1
ADDC A，#data	立即数带进位加到累加器	34（data）	2	1
SUBB A，Rn	累加器带寄存器	98～9F	1	1
SUBB A，direct	累加器带借位减去直接字节	95（direct）	2	1
SUBB A，@Ri	累加器带借位减去间接 RAM	96～97	1	1
SUBB A，#data	累加器带借位减去立即数	94（data）	2	1
INC A	累加器加 1	04	1	1
INC Rn	寄存器加 1	08～0F	1	1
INC direct	直接字节加 1	05（direct）	2	1
INC @Ri	间接 RAM 加 1	06～07	1	1
INC DPTR	数据指针加 1	A3	1	2
DEC A	累加器减 1	14	1	1
DEC Rn	寄存器减 1	18～1F	1	1
DEC direct	直接字节减 1	15（direct）	2	1
DEC @Ri	间接 RAM 减 1	16～17	1	1
MUL AB	A 乘以 B	A4	1	4
DIV AB	A 除以 B	84	1	4
DA A	十进制调整	D4	1	1
逻辑运算				
ANL A，Rn	寄存器"与"累加器	58～5F	1	1
ANL A，direct	直接字节"与"累加器	55（direct）	2	1
ANL A，@Ri	间接 RAM"与"累加器	56～57	1	1

续表

指令	功能说明	机器码	字节数	周期数
ANL A，#data	立即数"与"累加器	54（data）	2	1
ANL direct，A	累加器"与" 直接字节	52（direct）	2	1
ANL direct，#data	立即数"与" 直接字节	53（direct）（data）	3	2
ORL A，Rn	寄存器"或"累加器	48～4F	1	1
ORL A，direct	直接字节"或"累加器	45（direct）	2	1
ORL A，@Ri	间接 RAM"或"累加器	46～47	1	1
ORL A，#data	立即数"或"累加器	44（data）	2	1
ORL direct，A	累加器"或" 直接字节	42（direct）	2	1
ORL direct，#data	立即数"或" 直接字节	43（direct）（data）	3	2
XRL A，Rn	寄存器"异或"累加器	68～6F	1	1
XRL A，direct	直接字节"异或"累加器	65（direct）	2	1
XRL A，@Ri	间接 RAM"异或"累加器	66～67	1	1
XRL A，#data	立即数"异或"累加器	64（data）	2	1
XRL direct，A	累加器"异或" 直接字节	62（direct）	2	1
XRL direct，#data	立即数"异或" 直接字节	63（direct）（data）	3	2
CLR A	累加器清零	E4	1	1
CPL A	累加器取反	F4	1	1
RL A	循环左移	23	1	1
RLC A	带进位循环左移	33	1	1
RR A	循环右移	03	1	1
RRC A	带进位循环右移	13	1	1
控制转移指令				
ACALL addr11	绝对子程序调用	（ addr10 ～ 8 10001 ） （addr7～0）	2	2
LCALL addr16	长子程序调用	12（addr15～8）（addr7～0）	3	2
RET	子程序返回	22	1	2
RETI	中断返回	32	1	2
AJMP addr11	绝对转移	（ addr10 ～ 8 00001 ） （addr7～0）	2	2
LJMP addr16	长转移	02（addr15～8）（addr7～0）	3	2
SJMP rel	短转移	80（rel）	2	2
JMP @A+DPTR	间接转移	73	1	2
JZ rel	累加器为 0，则转移	60（rel）	2	2
JNZ rel	累加器不为 0，则转移	70（rel）	2	2
CJNE A，direct，rel	直接字节与累加器比较，不相等则转移	B5（direct）（rel）	3	2

指令	功能说明	机器码	字节数	周期数
CJNE A，#data，rel	立即数与累加器比较，不相等则转移	B4（data）（rel）	3	2
CJNE Rn，#data，rel	立即数与寄存器比较，不相等则转移	B8～BF（data）（rel）	3	2
CJNE @Rn，#data，rel	立即数与间接 RAM 比较，不相等则转移	B6～B7（data）（rel）	3	2
DJNZ Rn，rel	寄存器减1不为0，则转移	D8～DF（rel）	2	2
DJNZ direct，rel	直接字节减1不为0，则转移	D5（direct）（rel）	3	2
NOP	空操作	00	1	1
位操作指令				
MOV C，bit	直接位送进位位	A2（bit）	2	1
MOV bit，C	进位位送直接位	92（bit）	2	2
CLR C	进位位清零	C3	1	1
CLR bit	直接位清零	C2（bit）	2	1
SETB C	进位位置1	D3	1	1
SETB bit	直接位置1	D2（bit）	2	1
CPL C	进位位取反	B3	1	1
CPL bit	直接位取反	B2（bit）	2	1
ANL C，bit	直接位"与"进位位	82（bit）	2	2
ANL C，/bit	直接位取反"与"进位位	B0（bit）	2	2
ORL C，bit	直接位"与"进位位	72（bit）	2	2
ORL C，/bit	直接位取反"与"进位位	A0（bit）	2	2
JC rel	进位位为1转移	40（rel）	2	2
JNC rel	进位位为0转移	50（rel）	2	2
JB bit，rel	直接位为1转移	20（bit）（rel）	3	2
JNB bit，rel	直接位为0转移	30（bit）（rel）	3	2
JBC rel	直接位为1转移并清零该位	10（bit）（rel）	3	2

一、数据传送类指令（7种助记符）

MOV（英文为 Move）对内部数据寄存器 RAM 和特殊功能寄存器 SFR 的数据进行传送。

MOVC（Move Code）读取程序存储器数据表格的数据传送。

MOVX（Move External RAM）对外部 RAM 的数据传送。

XCH（Exchange）字节交换

XCHD（Exchange low-order Digit）低半字节交换。

PUSH（Push onto Stack）入栈。

POP（Pop form Stack）出栈。

二、算数运算类指令（8种助记符）

ADD（Addition）加法。

ADDC（Add with Carry）带进位加法。

SUBB（Subtract with Borrow）带借位减法。

DA（Decimal Adjust）十进制调整。

INC（Increment）加1。

DEC（Decrement）减1。

MUL（Multiplication、Multiply）乘法。

DIV（Division、Divide）除法。

三、逻辑运算类指令（10种助记符）

ANL（AND Logic）逻辑与。

ORL（OR Logic）逻辑或。

XRL（Exclusive-Or Logic）逻辑异或。

CLR（Clear）清零。

CPL（Complement）取反。

RL（Rotate Left）循环左移。

RLC（Rotate Left Throught the Carry Flag）带进位循环左移。

RR（Rotate Right）循环右移。

RRC（Rotate Right Throught the Carry Flag）带进位循环右移。

SWAP（Swap）低 4 位与高 4 位的半字节交换。

四、控制转移类指令（17 种助记符）

ACALL（Absolute subroutine Call）子程序绝对调用。

LCALL（long subroutine Call）子程序长调用。

RET（Return from subroutine）子程序返回。

RETI（Return from Interruption）中断返回。

SJMP（Short Jump）短转移。

AJMP（Absolute Jump）绝对转移。

LJMP（Long Jump）长转移。

CJNE（Compare Jump if not Equal）比较不相等，则转移。

DJNZ（Decrement Jump if not Zero）减 1 后不为 0，则转移。

JZ（Jump if Zero）结果为 0，则转移。

JNZ（Jump if not Zero）结果不为 0，则转移。

JC（Jump if the Carry Flag is set）有进位，则转移。

JNC（Jump if not Carry）无进位，则转移。

JB（Jump if the Bit is set）位为 1，则转移。

JNB （Jump if the Bit is not set）位为 0，则转移。

JBC（Jump if the Bit is set and Clear the bit）位为 1，则转移，并清除该位。

NOP（No Operation）空操作。

五、位操作指令（2 种助记符）

CLR（Clear）位清零。

SETB（Set Bit）位置 1。

高位 低位	0000	0010	0011	0100	0101	0110	0111	1010	1011	1100	1101	1110	1111
××××0000	CGRAM （1）		0		P	`	p		一	タ	ミ	α	P
××××0001	（2）	!	1	A	Q	a	q	。	ア	チ	ム	ä	q
××××0010	（3）	"	2	B	R	b	r	「	イ	ツ	メ	β	θ
××××0011	（4）	#	3	C	S	c	s	」	ウ	テ	モ	ε	∞
××××0100	（5）	$	4	D	T	d	t	、	エ	ト	ヤ	μ	Ω
××××0101	（6）	%	5	E	U	e	u	・	オ	ナ	ユ	B	0
××××0110	（7）	&	6	F	V	f	v	ヲ	カ	ニ	ヨ	P	Σ
××××0111	（8）	'	7	G	W	g	w	ァ	キ	ヌ	ラ	g	π
××××1000	（1）	(	8	H	X	h	x	ィ	ク	ネ	リ	∫	
××××1001	（2）	)	9	I	Y	i	y	ゥ	ケ	ノ	ル	-1	y
××××1010	（3）	*	:	J	Z	j	z	ェ	コ	ハ	レ	j	千
××××1011	（4）	＋	;	K	[	k	{	ォ	サ	ヒ	ロ	x	万
××××1100	（5）	,	<	L	¥	l	¦	ャ	シ	フ	ワ	¢	
××××1101	（6）	—	=	M	]	m	}	ュ	ス	ヘ	ソ		＋
××××1110	（7）	.	>	N	^	n	→	ョ	セ	ホ	ハ	ñ	
××××1111	（8）	/	?	O	_	o	←	ッ	ソ	マ	゜	Ö	

ASCII 码值	控制字符	ASCII 码值	控制字符	ASCII 码值	控制字符	ASCII 码值	控制字符
0	NUT	32	（space）	64	@	96	、
1	SOH	33	!	65	A	97	a
2	STX	34	”	66	B	98	b
3	ETX	35	#	67	C	99	c
4	EOT	36	$	68	D	100	d
5	ENQ	37	%	69	E	101	e
6	ACK	38	&	70	F	102	f
7	BEL	39	,	71	G	103	g
8	BS	40	(	72	H	104	h
9	HT	41	)	73	I	105	i
10	LF	42	*	74	J	106	j
11	VT	43	+	75	K	107	k
12	FF	44	,	76	L	108	l
13	CR	45	-	77	M	109	m
14	SO	46	.	78	N	110	n
15	SI	47	/	79	O	111	o
16	DLE	48	0	80	P	112	p
17	DCI	49	1	81	Q	113	q
18	DC2	50	2	82	R	114	r
19	DC3	51	3	83	X	115	s
20	DC4	52	4	84	T	116	t
21	NAK	53	5	85	U	117	u
22	SYN	54	6	86	V	118	v
23	TB	55	7	87	W	119	w
24	CAN	56	8	88	X	120	x
25	EM	57	9	89	Y	121	y
26	SUB	58	:	90	Z	122	z
27	ESC	59	;	91	[	123	{
28	FS	60	<	92	/	124		
29	GS	61	=	93	]	125	}
30	RS	62	>	94	^	126	～
31	US	63	?	95	—	127	DEL

参 考 文 献

[1] 胡汉才. 单片机原理及其接口技术（第 2 版）. 北京：清华大学出版社，2004.

[2] 钱显毅. MCS-51 单片机原理及应用. 南京：东南大学出版社，2010.

[3] 鲍宏亚. MCS-51 系列单片机应用系统设计及实用技术. 北京：中国宇航出版社，2005.

[4] 张秀国. 单片机 C 语言程序设计教程与实训. 北京：北京大学出版社，2008.

[5] 丁明亮，唐前辉. 51 单片机应用设计与仿真——基于 Keil C 与 Proteus. 北京：北京航空航天大学出版社，2009.

[6] 陈海宴. 51 单片机原理及应用——基于 Keil C 与 Proteus. 北京：北京航空航天大学出版社，2010.

[7] 夏路易. 单片机原理及应用——基于 51 与高速 SoC51. 北京：电子工业出版社，2010.

[8] 张迎新. 单片机原理及应用（第 2 版）. 北京：电子工业出版社，2009.